1日で基本が身に付く!

西村 誠［著］
Makoto Nishimura

技術評論社

はじめに

本書はプログラミングの基礎を学び、簡単なアプリケーションを作ることを体験できることを目的に書かれた本です。

プログラミングに利用する言語として、数ある言語の中でC#を選択しています。C#はWindowsパソコンがあれば気軽に始められる点と、高機能な開発用ツールVisual Studioが便利という点で、最初に触れる言語として優れています。

プログラミングの学習には、本を読むことで得られる知識と、実際に自分で書いてみる実践で得られる経験の2つが必要です。知識がなければプログラムを書くことができませんが、経験がないと理解が難しい知識もあります。知識と経験を繰り返し得ながらプログラミングのスキルを成長させていくのです。

プログラミングの最初の一歩の難しさは2つあると思います。まずは先述の通り、経験がないと理解が難しい知識がある点です。本を読んで難しいと思ったら、気にせず先に進み、サンプルを実行してからまた読み返してみてください。前よりも難しいと感じないはずです。

もう一点は、プログラミングの間違いで発生するエラーの直し方がわからないことです。ぜひ、本を読みながらプログラムを自分で打ち込んで、いろいろな打ち間違いを体験してみてください。本書で紹介するコードはなるべく複雑にならないように気を付けているので、エラーが出ても修正箇所が比較的見つけやすいはずです。

ぜひ、知識と実践を意識しながら本書を読み進めてみてください。

西村　誠

サンプルファイルのダウンロード

本書で紹介しているサンプルファイル（学習用の素材を含みます）は、以下のサポートページよりダウンロードできます。

サポートサイト http://gihyo.jp/book/2017/978-4-7741-9086-0/support

ダウンロードしたファイルはZIP形式で圧縮されていますので、展開してから使用してください。CHAPTER 6からCHAPTER 8までのWindowsフォームアプリケーションのサンプルファイルが収録されています。これを展開すると、各CHAPTER（章）ごとのフォルダーが表示されます。なお、CHAPTER 7のじゃんけんアプリケーション内で使用する画像ファイル（P.148参照）は、「CHAPTER 07」フォルダーのimageフォルダに収録しています。コピーしてお使いください。

サンプルプロジェクトを開く

解凍したフォルダー内から「sln」という拡張子を持つファイルを探してダブルクリックしてください。初期設定ではアプリケーションの選択肢が表示されることがありますが、その場合は＜Visual Studio 2017＞を選択します。

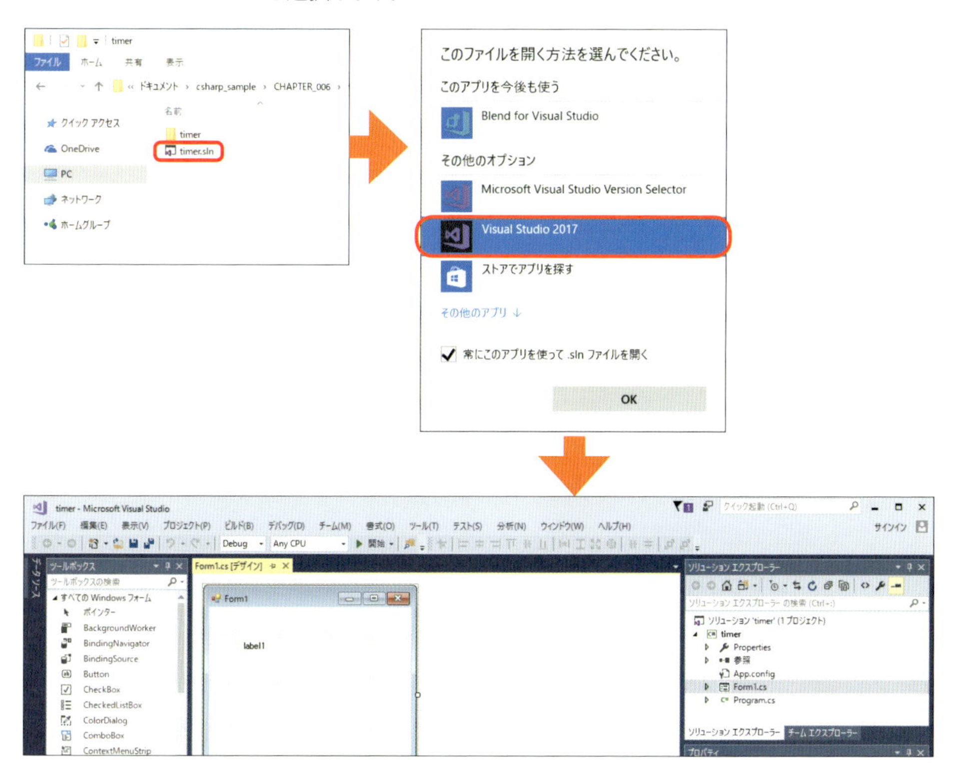

CONTENTS

目次

CHAPTER 3 C#で簡単な計算をしよう

CONTENTS

CHAPTER 4 クラスを理解しよう

CHAPTER 5 条件分岐と繰り返しを覚えよう

CHAPTER 7 じゃんけんアプリケーションを作ろう

CHAPTER 8 画像ビューワーアプリケーションを作ろう

CHAPTER 9 次のステップを知ろう

本書をお読みになる前に

・本書に記載された内容は、情報の提供のみを目的としています。したがって、本書を用いた運用は、必ずお客様自身の責任と判断によって行ってください。ソフトウェアの操作や掲載されているプログラム等の実行結果など、これらの運用の結果について、技術評論社および著者、サービス提供者はいかなる責任も負いません。
・本書記載の情報は、2017年6月現在のものを掲載しています。ご利用時には変更されている場合もあります。ソフトウェア等はバージョンアップされる場合があり、本書での説明とは機能内容や画面図などが異なってしまうこともあり得ます。本書ご購入の前に、必ずバージョン番号をご確認ください。
・本書の内容は、以下の環境で動作を検証しています。

・Windows 10
・Visual Studio Community 2017

以上の注意事項をご承諾いただいた上で、本書をご利用願います。これらの注意事項をお読みいただかずにお問い合わせいただいても、技術評論社および著者、サービス提供者は対処しかねます。あらかじめ、ご承知おきください。

CHAPTER

1

プログラミングの準備をしよう

SECTION 01

プログラミングって何？

ここでは、C#の説明をする前にそもそもプログラミングとは何なのかを解説します。最近では、パソコン、サーバーコンピューターに加えて、スマートフォン、タブレットなど、コンピューターの種類が増えてきています。さまざまなニーズに対応するため、プログラミング言語の種類もたくさんあります。C#もその中の1つです。

◎ プログラミングとは?

プログラミングとは、コンピューターに何かを行ってもらうための指示を出すことです。

最近では、コンピューターの種類も増え、パソコンだけでなく、スマートフォンやタブレットなどさまざまな機器に対してプログラミングができるようになりました。

コンピューターにはさまざまな機能があります。画像や文字を表示することや、音楽を再生することや、さまざまな計算を行ってもらうことができます。スマートフォンであればGPSを利用して現在の位置を取得することも可能です。それらのコンピューターでできることを組み合わせ、アプリケーションやゲームなどのプログラムを作っていきます。例えば、パソコンでインターネットを閲覧する際に利用するWebブラウザーや、ゲーム、WordやExcelといったアプリケーションはみなプログラミングによって作られています。さらにいえば、コンピューターを利用するためのOSであるWindowsやmacOSなどもプログラミングで作られています。

COLUMN　プログラムとプログラミング

プログラミングによって作られた成果物をプログラムといいます。また、プログラミング言語で書かれたコンピューターへの指示書をソースコード、コードといいます。そのため、プログラミングと同じような意味合いで、コードを書くことをコーディングと呼ぶこともあります。

◎ プログラミング言語とは?

プログラミングはコンピューターと対話することともいえます。人間の言葉に日本語、英語、フランス語など複数の種類があるように、プログラミングにもいくつもの言葉があります。それぞれの言葉をプログラミング言語といいます。

人間同士が会話するための言語は、国や地域ごとに異なります。それと同じようにプログラミング言語も、対話するコンピューターの種類、例えばWindowsパソコンなのか、iPhone、Androidなどのスマートフォンなのかで異なります。

また、コンピューターの用途によっても言語が異なる場合があります。例えばインターネット上のサーバーコンピューター内で動くWebアプリケーションのプログラムと、それを利用するためのパソコン側のプログラムで、使う言語が変わってくるのです(図1-1)。

それでは本書で学ぶC#はどのような言語なのでしょうか?

図1-1 コンピューターの種類や用途に応じたプログラミング言語

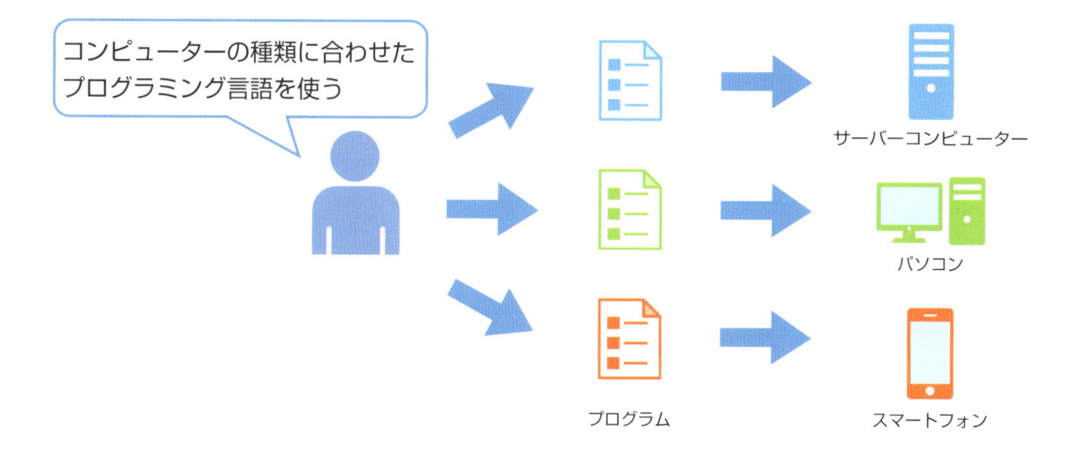

COLUMN C#とVisual C#

C#という言葉の他にVisual C#という言葉を聞いたことがあるかもしれません。C#はこれから学ぶプログラミング言語の名前です。Visual C#というのはC#を用いてアプリケーションを開発する環境や、そのためのソフトウェアの名前です。現在はVisual C#というソフトウェアは、本書でも使用するVisual Studioというソフトウェアに統合されたので存在しません。書籍でもC#とVisual C#という2つの名前が使われていますが、C#という言語について書かれた本はC#、C#を用いてアプリケーションを作成する方法について書かれている本がVisual C#というタイトルになる傾向があります。

SECTION 02

C#の特徴を理解しよう

C#は主にMicrosoft社のWindows PCなどのプログラムを開発するために使われてきましたが、最近はMicrosoft社以外のスマートフォンアプリケーションやゲーム開発へと用途が広がっています。ここではプログラミング言語としてのC#の特徴や、Visual Studioといった開発ツールなどのC#を取り巻く周辺環境について説明します。

◎ C#が使われる場面

C#はMicrosoft社の開発したプログラミング言語です。そのため、これまでは、C#は同社の製品であるWindows PCや、スマートフォンであるWindows Phone、サーバー製品のWindows Serverなど、Microsoft社の製品上で動作させるアプリケーションを作成するために使われるケースがほとんどでした。

しかし最近では、iPhoneやAndroidのアプリケーションを開発できるXamarinや、さまざまな環境向けのゲームを開発できるUnityなどが登場し、C#が利用される場面はどんどん増えています。

◎ C#の特徴とは?

C#はプログラミング言語の分類でいう**静的型付き言語**です。静的型付き言語とは、簡単にいうと、データを入れる入れ物（これを変数といいます）の型が決まっており、数字なら数字だけ、文字なら文字だけしか入れられない言語のことです。反対に、入れ物にどんな型の値でも入れることができる言語を**動的型付き言語**といいます。

C#と同じ静的型付き言語にはC、C++、Javaなどがあり、動的型付き言語はPHPやRuby、Perlなどがあります。

どんな値でも扱えるほうが便利そうですが、動的型付き言語は変数に意図しない型のデータが入っている可能性があるというデメリットもあります。静的型付き言語のほうが型に伴うトラブルが少なく、堅牢なプログラムを作りやすいのです。

◎ 優れた開発ツールVisual Studioが利用できる

プログラムそのものはシンプルなテキストエディタでも記述できるのですが、C#ではMicrosoft社製の強力な統合開発環境(IDE)「**Visual Studio**」が利用できます(図1-2)。多くのIDEはプログラムの記述や開発を補助する機能を持ちます。中でもC#のような静的型付き言語はプログラムの実行前に型が判別できるため、IDEにとっても補助が行いやすいという相性の良さがあります。

図1-2 Visual Studio Community 2017

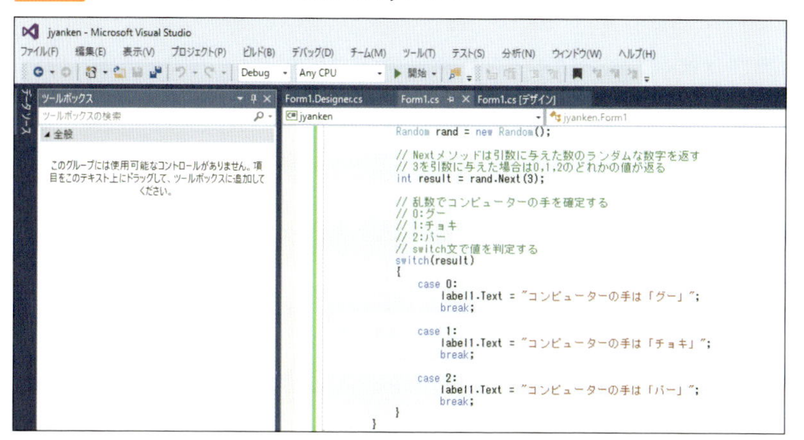

◎ コンピューターにできることを理解するのも重要

プログラミング言語がコンピューターに何かをお願いするための言葉だとすれば、コンピューターに「どのようなお願いができるのか」を知る必要があります。

例えば、Windowsのパソコンであれば、マウスやキーボードという操作に対応したプログラミングを行えますが、iPhoneなどのスマートフォンであれば、指で画面をタッチする操作に対応する必要があります。また、スマートフォンであれば、電話をかけるという機能を利用できますが、Windowsパソコンでは電話をかけることはできません。

要するに同じC#を用いても、コンピューターにお願いできることはその種類ごとに異なるので、それぞれに合わせた方法を知る必要があるのです。

本書では、Windowsのパソコンを対象に、プログラミングの学習に便利なコンソールアプリケーションと、ウィンドウにボタンなどのパーツを表示できるWindowsフォームアプリケーションの作り方について紹介します。

SECTION 03

開発に何が必要になるの？

C#でプログラミングを行うには、パソコンの他にVisual Studioなどの開発ツールが必要です。ここではVisual Studio Community 2017をインストールする方法を解説します。Visual Studio Community 2017はMicrosoft社のサイトで無償公開されており、インストールすればすぐにプログラムを開発できます。

◎ 本書で扱う環境

C#を用いた開発は、WindowsやmacOSなどいろいろな環境で行うことができますが、本書では一般的なWindowsを搭載したパソコンでVisual Studioを用いて開発する方法で進めていきます。

本書で利用する環境は以下のとおりです。

- Windows PC（紙面の画像はWindows 10のものですが、他のバージョンでも同様に開発は可能です）
- Visual Studio Community 2017エディション（以降Visual Studioと表記）

◎ Visual Studioをインストールする

Visual Studioのダウンロード

まずはインターネット上からVisual Studioをダウンロードします。

Webブラウザーで以下のURLにアクセスし、「Visual Studio Community」の＜無償ダウンロード＞をクリックして、インストールプログラムをダウンロードします（図1-3）。

- Visual StudioのダウンロードURL
  https://www.visualstudio.com/ja/downloads/

図1-3 Visual Studioのダウンロードページ

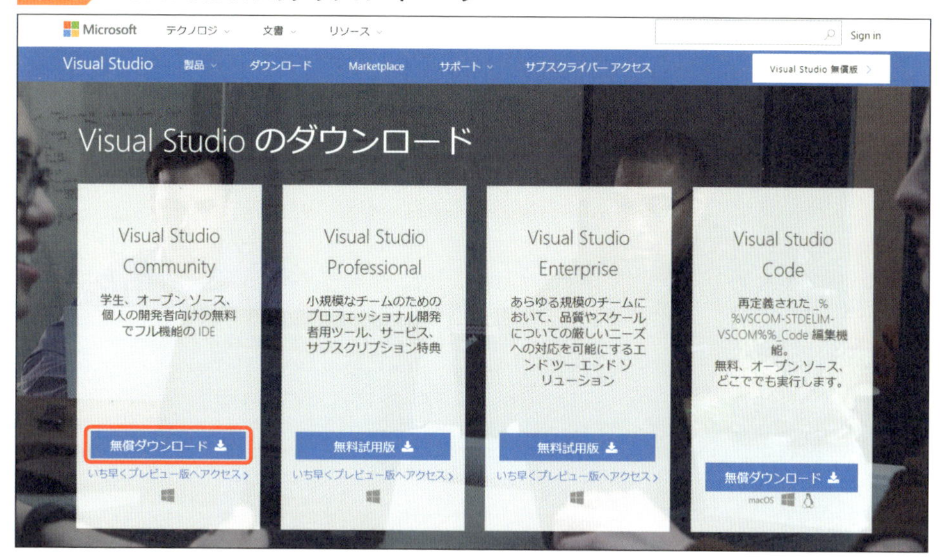

Visual Studioのインストール

ダウンロードしたexeファイルをダブルクリックし、右下の＜続行＞をクリックします（図1-4）。

図1-4 インストールの開始

開発したい内容に合わせて、インストールする内容を決定します。本書の学習のためのインストールであれば、＜.NET デスクトップ開発＞のみをチェックしてください。

他に開発したいアプリケーション（例えば、インターネットに公開するサイトを.NETで作成したい場合は＜ASP.NETとWeb開発＞など）がある場合はチェックを入れてください。インストールサイズは増えますが、いろいろなものを作る可能性も考えて全部にチェックを入れてもかまいません。あとから追加することも可能です。ここでは、＜.NETデスクトップ開発＞にのみチェックを入れたものとして作業を進めます。

＜.NET デスクトップ開発＞にチェックを入れ、右下の＜インストール＞をクリックします（図1-5）。

図1-5 インストールの内容を選択

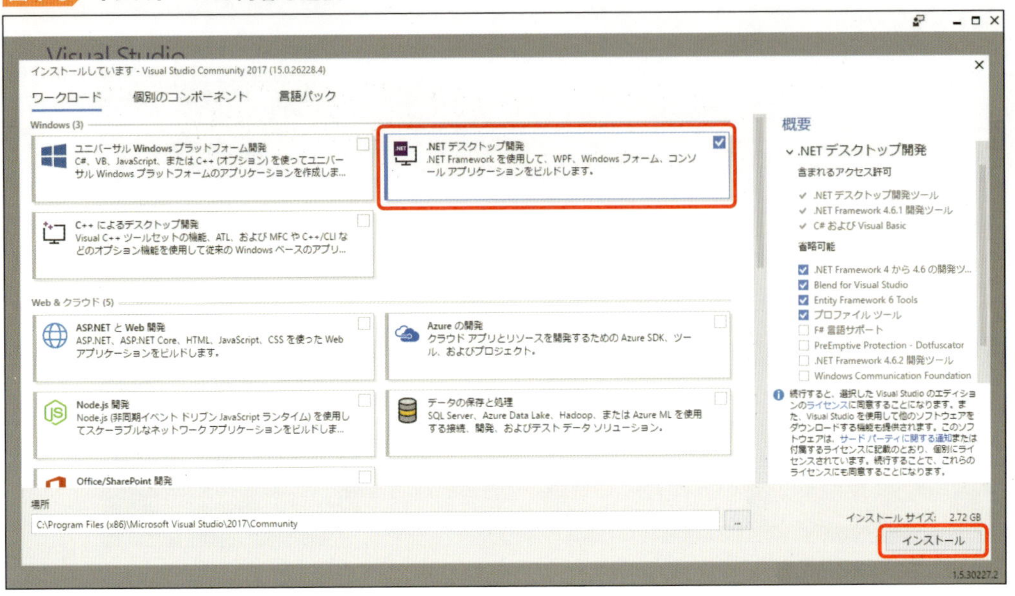

インストールを完了させるためにはPCを一度再起動する必要があります。すぐに再起動しても問題ない場合は、ポップアップウィンドウの<再起動>をクリックします（図1-6）。

図1-6 再起動の確認

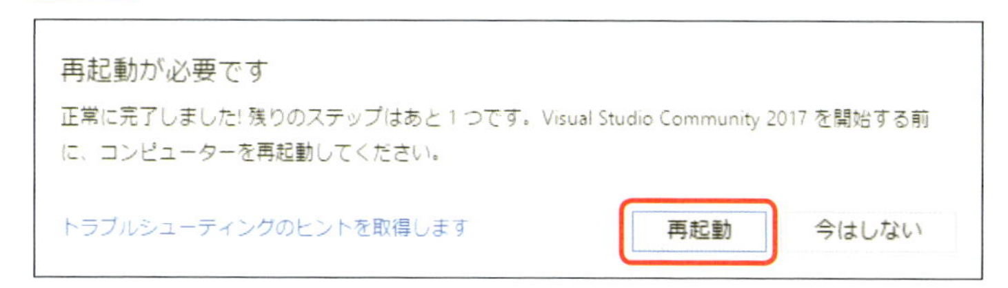

ここで<再起動>ボタンをクリックして、Windowsを再起動してください。

Visual Studioの起動

インストールが完了したら、スタートメニューなどからVisual Studioを起動します。Windows 10の場合は、Windowsキーを押してスタートメニューを表示し、検索ボックスに「visu」と入力します。候補に<Visual Studio 2017>が表示されたら、クリックして選択します(図1-7)。

筆者の環境には先にVisual Studio 2015がインストールしてあったのでそちらも候補に出てきましたが、初めてVisual Studioをインストールした場合は一番上にVisual Studio 2017が表示されるはずです。

図1-7 スタートメニューから起動

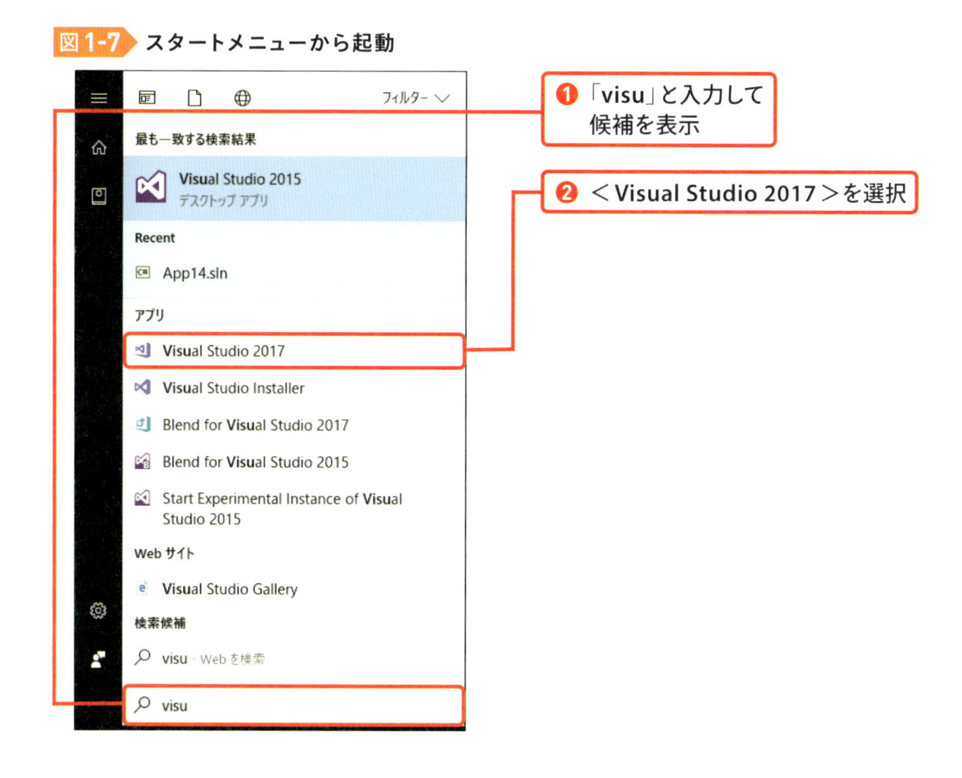

Visual Studio 2017を初めて起動した場合、**Microsoftアカウント**でのサインインを求められます。サインインしておくと、同じくMicrosoftアカウント各種開発サービスとの連携が容易になり、異なるPCでVisual Studioを起動した場合に同じ設定が利用できるなどのさまざまな利点があります。

サインインしない場合は、<後で行う>をクリックしてサインインせずに進むことも可能です。

COLUMN **Microsoftアカウント**

Microsoftアカウントは Microsoft社の多くのサービスを利用するためのアカウントです。Windows 8やWindows 10のサインインアカウントとして利用できます。また、クラウドサービスのAzureやXBoxなどのゲームのアカウントにも利用できます。

Microsoftアカウントを新たに取得する場合は以下のURLから申し込んでください。

- **ホーム - Microsoftアカウント**

  https://www.microsoft.com/ja-jp/msaccount/

ここでは、アカウントを持っている前提で、<サインイン>をクリックします(図1-8)。

図1-8 Microsoftアカウントのサインイン

Microsoftアカウントのメールアドレスを入力し、<続行>をクリックします。次にMicrosoftアカウントのパスワードを求められるので、パスワードを入力して<サインイン>をクリックします(図1-9)。

図1-9 メールアドレスとパスワードの入力

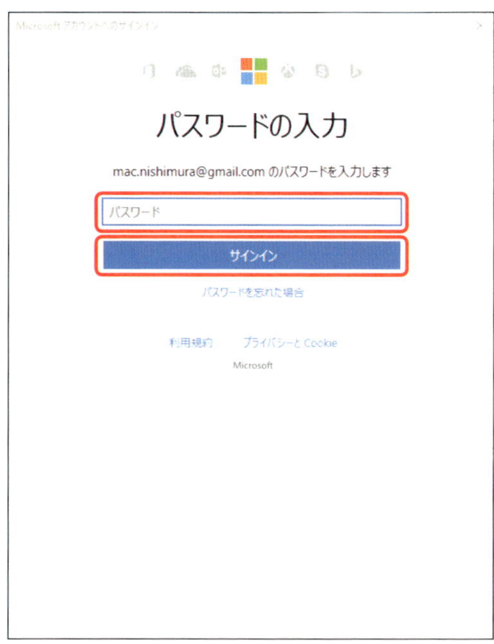

サインインが完了すると、Visual Studioが起動します（図1-10）。

図1-10 Visual Studioの起動画面

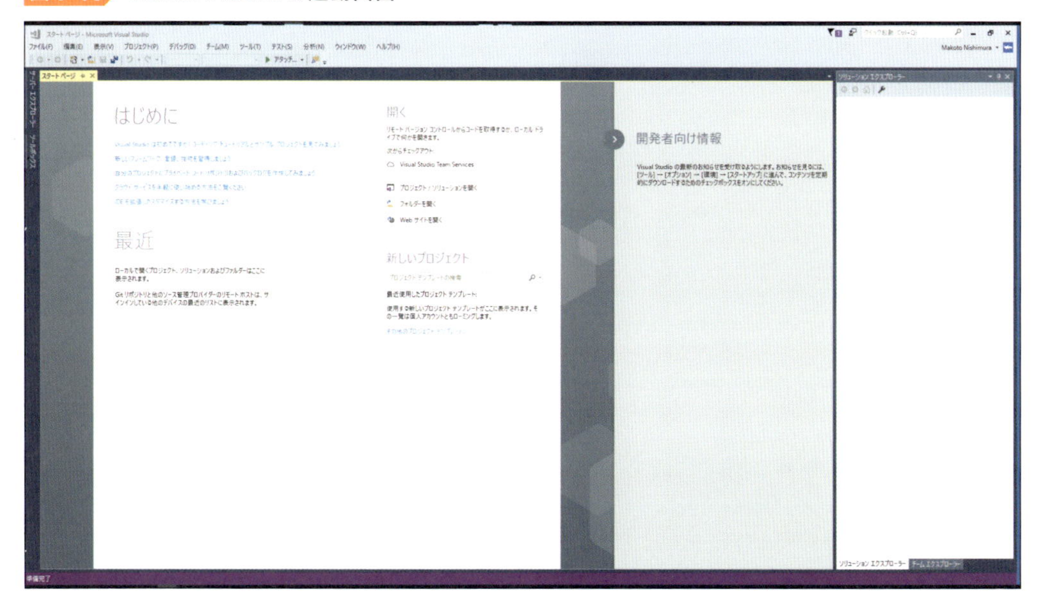

これでVisual Studioのインストールは完了です。この次のCHAPTERからはVisual Studioを利用してC#について学んでいきます。プログラミングを学ぶ際は、自分で操作して動かすことが大切です。ぜひ、本書を読み進めながら、プログラムを動かしてみてください。

COLUMN　インストール内容をあとから変更する方法

Visual Studioのインストール後に新たにユニバーサルWindowsプラットフォーム向けの開発が行いたくなったというような場合は、新たに追加することが可能です。
その場合は、インストールプログラムをダブルクリックで起動して、表示される画面で<変更>をクリックすることで追加できます（図1-11）。また、スタートメニューの〈Visual Studio Installer〉をクリックしても表示することができます。

図1-11 インストール構成の変更

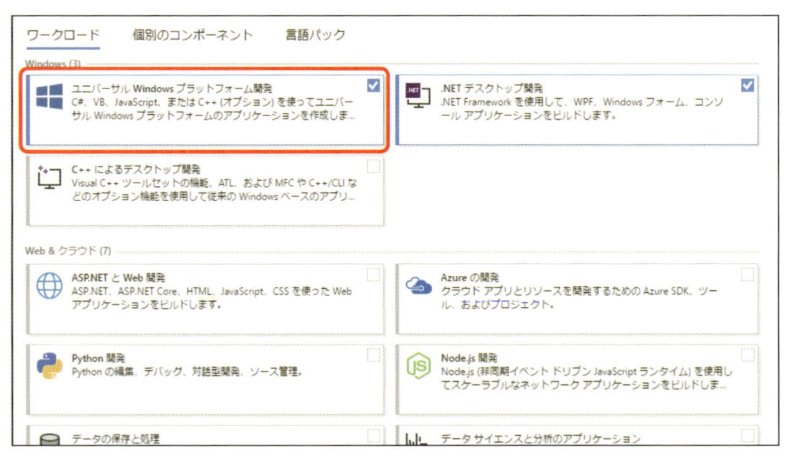

CHAPTER

2

プログラミングの基本をマスターしよう

SECTION 01

Visual Studioでのプログラム開発の流れを理解しよう

プログラミング言語でプログラムを書くのは、プログラム開発工程の1要素でしかありません。Visual Studioでの開発はプロジェクトの作成からスタートします。プロジェクトとは1つのプログラムの開発に必要なファイルをまとめたものです。プロジェクト内にプログラムを記述したら、そのあとデバッグなどの確認工程を完成するまで繰り返します。

◎ 開発の流れを確認する

Visual Studioを用いたプログラムの開発は、以下のような流れで進みます（図2-1）。

❶ プロジェクトを作成する
❷ プログラムを記述する
❸ デバッグ実行して動作を確認する
❹ 完成したら終了する、まだの場合は❷に戻る

図2-1 開発の流れ

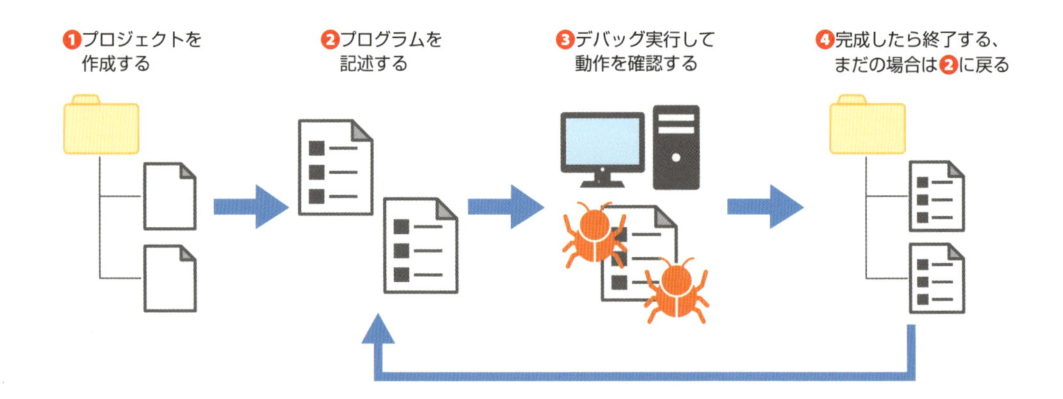

❶ プロジェクトの作成

Visual Studioでプログラミングを行うために、まずはプロジェクトを作成します。プロジェクトを作成すると、プログラムの開発に必要な基本となるファイルが作成されます。プログラムの開発は、そのファイルを書き換えることで進めていきます。

プロジェクトを作成する際に、どのようなアプリケーションを作成するのかをテンプレート(ひな形)から選択します。

本書では、基本文法は「コマンドプロンプト」と呼ばれる文字だけを表示する画面でプログラムを実行する「コンソールアプリケーション」で学び、その後、画像やボタンなどを表示できる「Windowsフォームアプリケーション」を作成します。本書では扱いませんが、それ以外にもインターネットのサイトを作成するためのテンプレートや、スマートフォン用のテンプレートなどがあります。

❷ プログラムの記述

プロジェクトを作成すると、すでに最低限必要なプログラムのファイル(コードファイル)が用意されています。それに必要な処理を書き加えていくことで、アプリケーションを作成していきます。必要に応じてプログラムのファイルを追加することもあります。

❸ デバッグ実行

記述したプログラムは、デバッグすることで動作を確認できます。

POINT

デバッグとはアプリケーションを動かして動作が正しいかテストすることをいいます。

❹ 完成または修正

デバッグで、アプリケーションの動きに問題があれば、修正作業に戻ります。アプリケーションが意図通りにできあがっているなら完成です。

COLUMN プログラミング開発の肝

まずは、C#について学習することが第一ですが、デバッグに慣れることや、問題を修正する能力も大事になります。

SECTION 02

プロジェクトの作成とVisual Studioの初期構成を知ろう

まずはVisual Studioでプロジェクトを作成しましょう。この章では「コンソールアプリケーション」と呼ばれる種類のプロジェクトを作成します。Visual Studioの画面はいくつかのウィンドウで構成されており、それぞれにプロジェクトに関する情報が表示されています。先にそれぞれの大まかな働きを知っておきましょう。

◎ プロジェクトを作成する

Visual Studioでプログラムを開発する場合、最初にプロジェクトを作成します。プロジェクトとは、アプリケーションを作成するためのプログラムや画像などのファイルを1つにまとめたものです。

プロジェクトは以下のように作成します。

コンソールアプリケーションの作成

まず本書でプログラミングの基本を学ぶために作成するアプリケーションはコンソールアプリケーションというものです。コンソールアプリケーションは画面に文字しか表示できないシンプルなアプリケーションです。画像などが表示できず見た目は地味ですが、その分、構造も単純でプログラムを学ぶことに集中できます。

基礎を学んだあとは、別の画面に画像やボタンなどを表示できるアプリケーションについても紹介します。

❶ Visual Studioの起動

まずはVisual Studioを起動します。Visual Studioを起動するには、Windowsキーを押してスタートメニューを表示し、検索ボックスに「visu」と入力すると、検索結果として「Visual Studio 2017」が表示されるので、クリックします(図2-2)。

図2-2 Visual Studioを検索

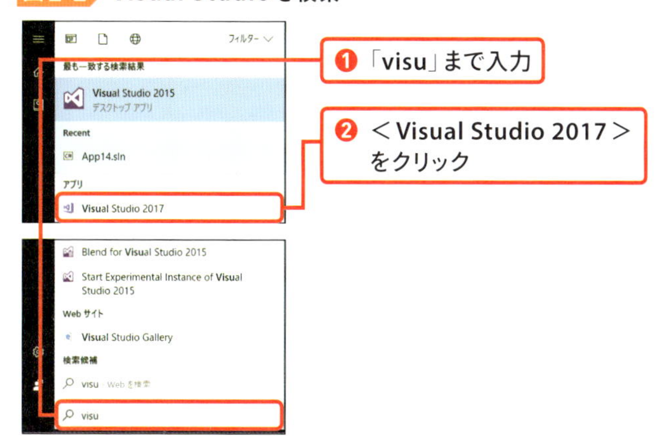

POINT

次回以降、起動しやすいようにデスクトップにショートカットを作成するか、タスクバーにVisual Studioを登録すると便利です。

❷ プロジェクトの新規作成

Visual Studioの上部メニューバーの<ファイル>→<新規作成>→<プロジェクト>の順にクリックします（図2-3）。

図2-3 メニューからプロジェクトを作成

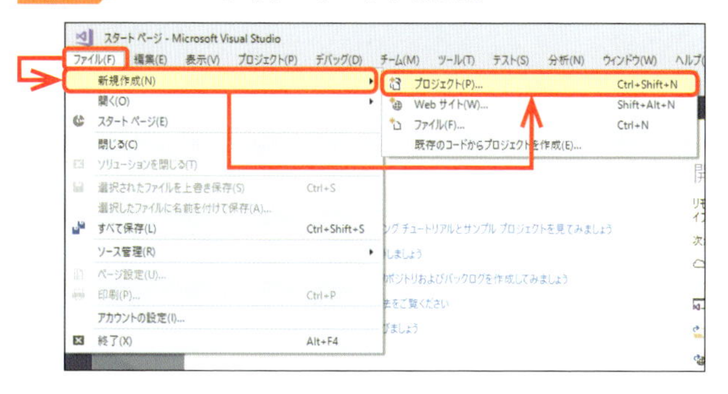

❸ プロジェクトのテンプレートからコンソールアプリケーションを選択

<新しいプロジェクト>ダイアログボックスが表示されるので、左側のナビゲーションでプロジェクトの種類を選びます。最初はカテゴリが折りたたまれた状態になっているので、<インストール済み>→<テンプレート>の順にクリックして展開していきます。<Visual C#>をクリックして、中央の一覧から<コンソールアプリ（.NET Framework）>をクリックします（図2-4）。

図2-4 プロジェクトの種類を選択

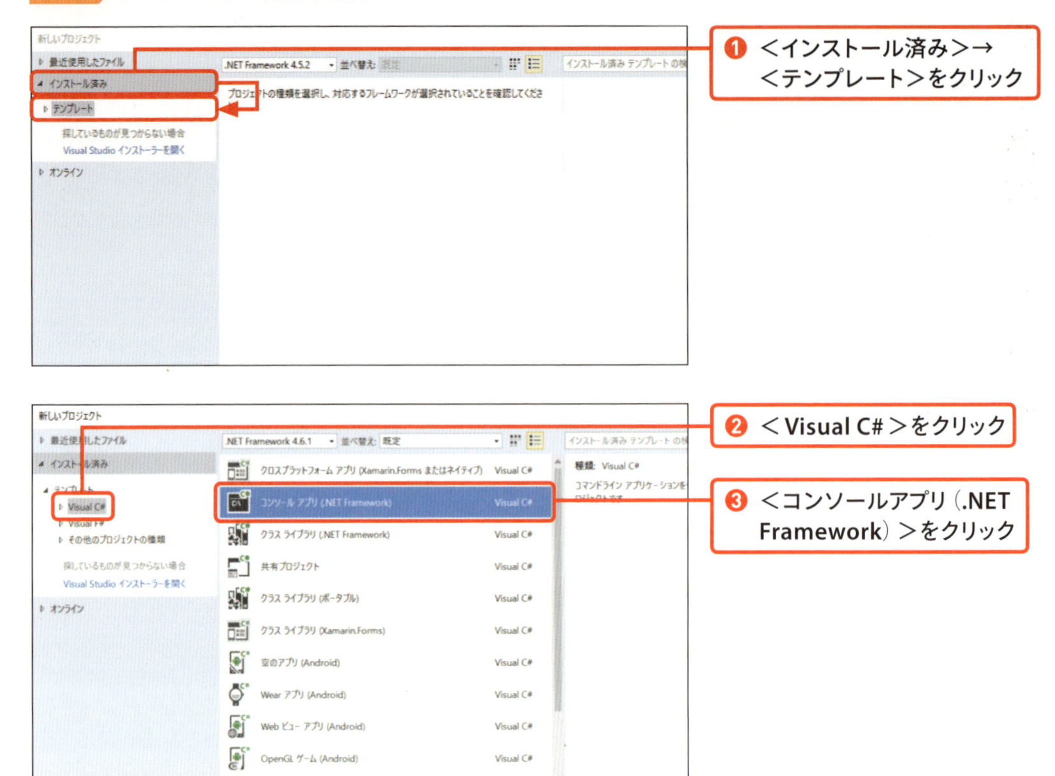

❹プロジェクト名を入力する

＜名前＞にプロジェクト名を入力して、＜OK＞をクリックします。プロジェクト名は自由に決めてかまいませんが、本書では「sample001」というプロジェクト名で進めます（図2-5）。

図2-5 プロジェクト名を入力

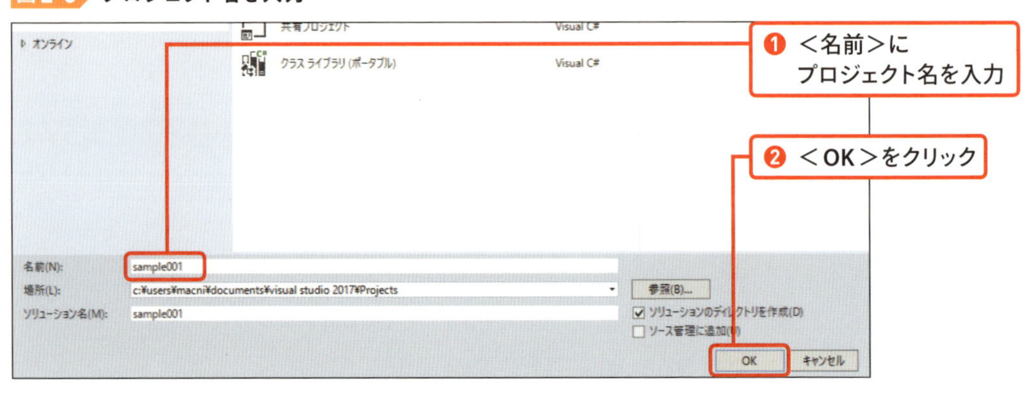

◎ プロジェクトの初期画面構成を確認する

プロジェクト作成直後のVisual Studioの画面構成を見ていきましょう。Visual Studioの画面はいくつかの小さなウィンドウで構成されています（図2-6）。

図2-6 プロジェクト作成直後のVisual Studio

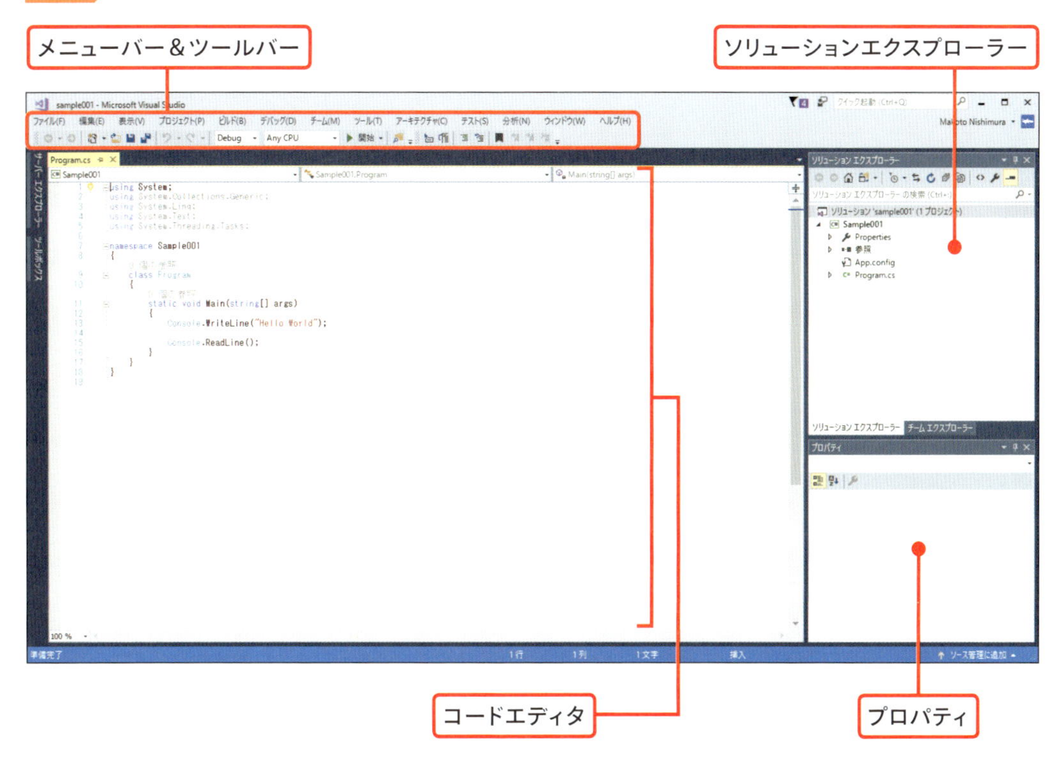

コードエディタ

Visual Studioの中央に表示されている英語のような文字がプログラムのコードです。コードを表示しているウィンドウを**コードエディタ**と呼びます（図2-7）。

プログラミングはコードエディタに表示されているコードを書き換えたり、追加していくことで機能を追加していきます。

図2-7 コードエディタ

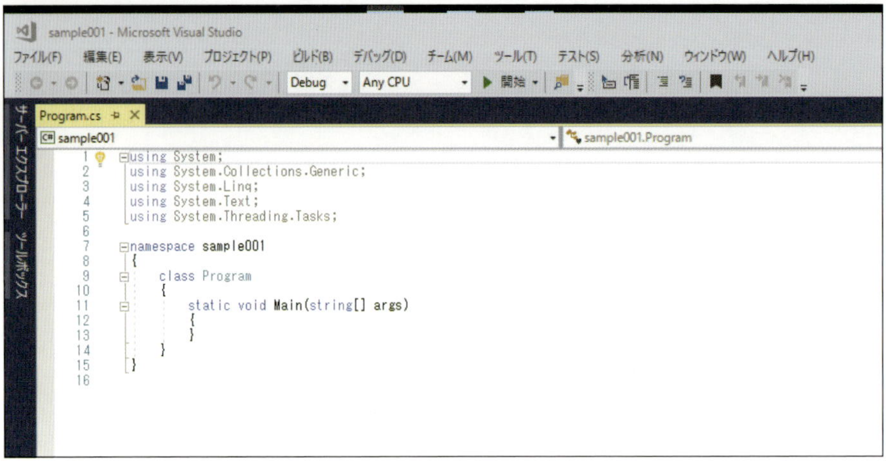

sample001 - Microsoft Visual Studio
ファイル(F) 編集(E) 表示(V) プロジェクト(P) ビルド(B) デバッグ(D) チーム(M) ツール(T) テスト(S) 分析(N) ウィンドウ(W) ヘルプ(H)
Debug
Any CPU
開始
Program.cs
sample001
sample001.Program
サーバー エクスプローラー
ツールボックス
using System;
using System.Collections.Generic;
using System.Linq;
using System.Text;
using System.Threading.Tasks;
namespace sample001
{
class Program
{
static void Main(string[] args)
{
}
}
}

メニューバー＆ツールバー

メニューバーは、画面上部に配置されている文字によるメニューです。メニューバーの下にはアイコンが表示されたツールバーが配置されています（図2-8）。

メニューバーからはプログラムのデバッグや、表示されていないウィンドウの表示などさまざまな作業を行えます。ツールバーからもデバッグや、ファイルの保存などを行うことができます。

図2-8 画面上部のメニューバーとツールバー

メニューバー
sample001 - Microsoft Visual Studio
ファイル(F) 編集(E) 表示(V) プロジェクト(P) ビルド(B) デバッグ(D) チーム(M) ツール(T) テスト(S) 分析(N) ウィンドウ(W) ヘルプ(H)
Debug
Any CPU
開始
ツールバー

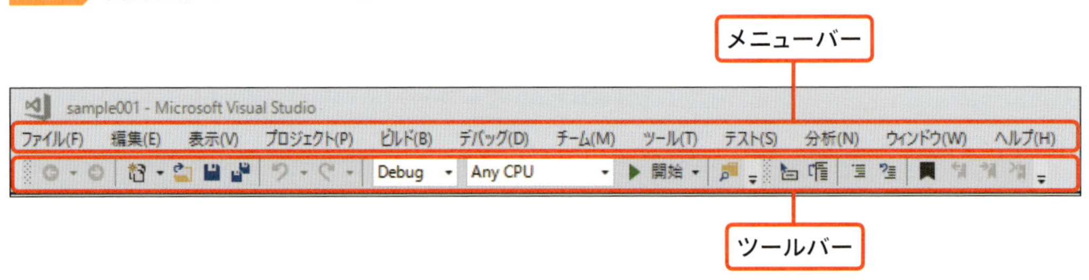

ソリューションエクスプローラー

ソリューションエクスプローラーは画面右上のウィンドウです（図2-9）。ソリューションエクスプローラーのソリューションとは、プロジェクトをまとめるさらに上位のまとまりのことです（次ページのCOLUMN「プロジェクトを作成すると作られるもの」参照）。

図2-9 ソリューションエクスプローラー

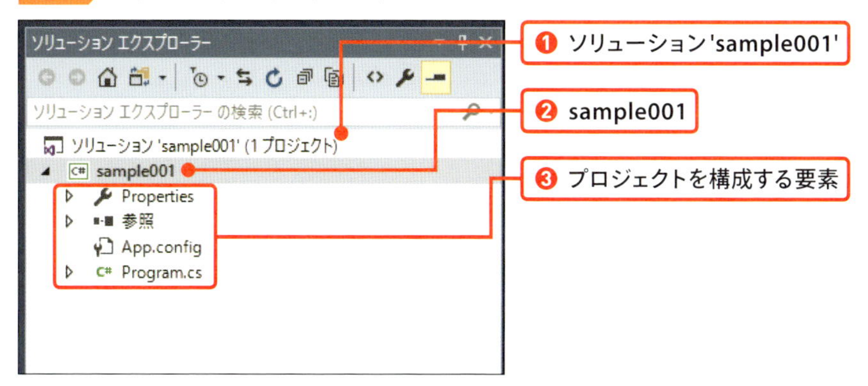

ソリューションエクスプローラーは階層構造になっています。以下では主な要素を説明します。

❶ ソリューション'sample001'(1プロジェクト)

ソリューション名がsample001で、ソリューションは1つのプロジェクトを内包していることを意味します。今回は1ソリューション、1プロジェクトなのでソリューション名とプロジェクト名が同じsample001になっていますが、階層の上のほうがソリューションです。

❷ sample001

プロジェクト名です。

❸ プロジェクトを構成する要素

プロジェクトに含まれるファイルや設定が表示されています。「Program.cs」がC#のコードファイルです。

COLUMN プロジェクトを作成すると作られるもの

プロジェクトを作成すると、「ソリューション」が1つ作成され、その中に含まれる形で「プロジェクト」が作成されます。

ソリューションは開発の1つの単位で、ソリューションの中に複数のプロジェクトを含めることができます。例えば、スマートフォン用のアプリケーションのためのソリューションであれば、iPhone用のプロジェクトとAndroid用のプロジェクト、Windowsストア用のプロジェクトの3つをソリューションに含めるという場合です。

本書の例もそうですが、はじめは1ソリューション、1プロジェクトで進めるのがよいでしょう。

◎ ＜プロパティ＞ウィンドウ

＜プロパティ＞ウィンドウは画面右下に表示されており、画面に配置されたボタンなどの値を編集できます。ボタンなど画面に表示する部品のことをコントロールといいます。例えば、ボタンに表示する文字や、ボタンの幅や高さなどをプロパティから編集することができます（図2-10）。

コンソールアプリケーションではコントロールを使わないため＜プロパティ＞ウィンドウも利用しませんが、CHAPTER 6以降のWindowsフォームアプリケーションでは＜プロパティ＞ウィンドウを利用します。

図2-10 ＜プロパティ＞ウィンドウ

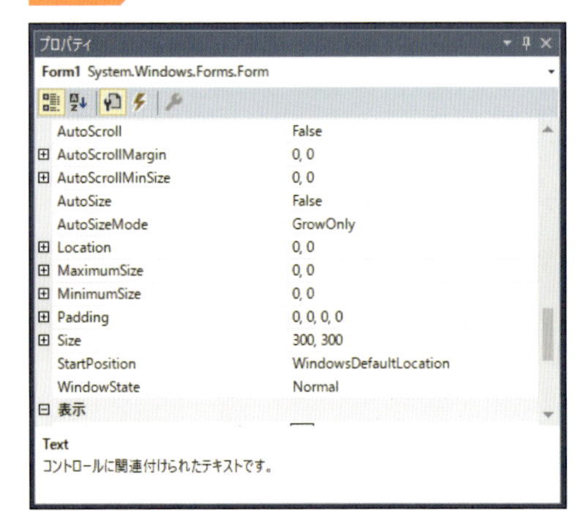

POINT

C#にはプロパティという文法がありますが、＜プロパティ＞ウィンドウのプロパティとは別のものです。＜プロパティ＞ウィンドウのプロパティは、何かの部品の設定値を意味します。

◎ ＜エラー一覧＞ウィンドウを表示する

初期状態では表示されていないウィンドウも複数あります。＜エラー一覧＞ウィンドウを例に表示方法を解説します。＜エラー一覧＞ウィンドウはプログラムに構文の間違いなどがあった場合にエラーが表示されます。

上部のメニューバーから＜表示＞→＜エラー一覧＞の順にクリックすると、Visual Studioの中央下部に＜エラー一覧＞ウィンドウが表示されます（図2-11）。

図2-11 ＜エラー一覧＞ウィンドウの表示

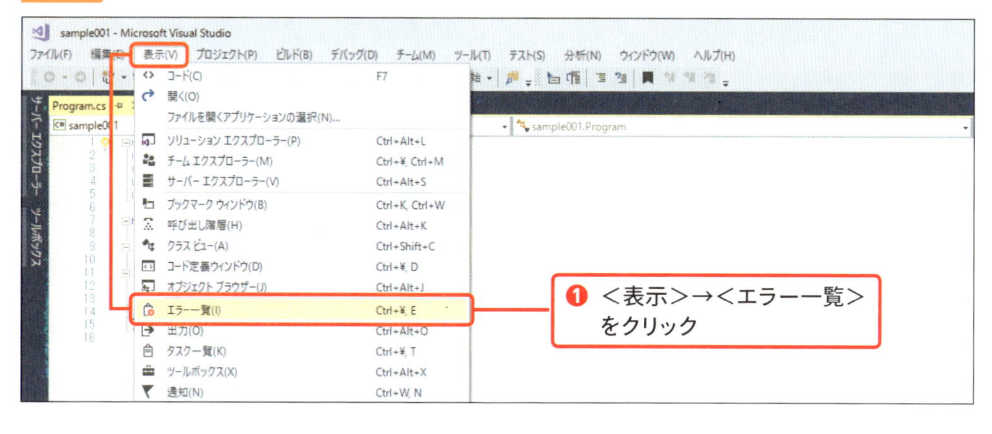
❶ ＜表示＞→＜エラー一覧＞をクリック

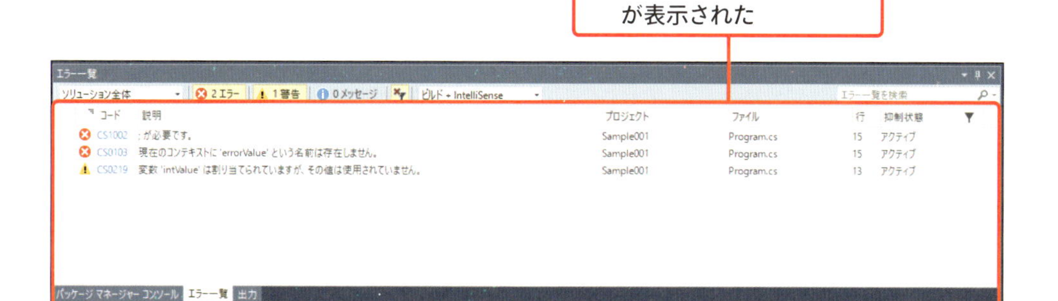
❷ ＜エラー一覧＞ウィンドウが表示された

＜エラー一覧＞ウィンドウに表示されるメッセージは2種類あります。左側のアイコンが赤丸×印のものは修正が必須の「エラー」です。アイコンが黄色い三角にエクスクラメーションマークのものは、必須ではありませんが修正したほうがよい「警告」です。

「エラー」が表示されている場合は、このあと説明するデバッグが実行できません。もし、デバッグが実行できない場合は、＜エラー一覧＞ウィンドウに何かエラーが表示されていないか確かめてみましょう。

＜エラー一覧＞ウィンドウを非表示にするにはウィンドウ右上の＜×＞をクリックします。

POINT

これまで紹介してきたウィンドウも＜×＞をクリックして閉じることができますが、操作に慣れないうちに誤操作でウィンドウを閉じてしまった場合などは、メニューバーの＜ウィンドウ＞→＜ウィンドウレイアウトのリセット＞の順にクリックして初期状態のレイアウトに戻すことができます。

SECTION 03

簡単なプログラムを入力して実行しよう

プロジェクトが作成できたので、簡単なプログラムを記述して動かしてみましょう。最初からプログラムの基本部分が入力済みなので、その中に実行させたい処理を付け加えます。ここでは入力中に働く「コード補完機能」の使い方や、プログラムの動作をテストする「デバッグ実行」の方法についても解説していきます。

◎ プログラムを記述する

それでは初めてのプログラムを記述してみましょう。プログラミングの世界では最初に学ぶプログラミングとして、Hello Worldと表示する文化があるので、それにならいましょう。

❶ コードエディタを開く

初期状態では「Program.cs」のコードが表示されていますが、何かしらの操作をしてProgram.csを閉じてしまった場合などは、ソリューションエクスプローラーの「Program.cs」をダブルクリックして開いてください。Program.csには最初からコードが記述されています（リスト2-1）。

リスト2-1 初期状態のProgram.cs（Program.cs）

```
001: using System;
002: using System.Collections.Generic;
003: using System.Linq;
004: using System.Text;
005: using System.Threading.Tasks;
006: 
007: namespace sample001
008: {
009:     class Program
010:     {
011:         static void Main(string[] args)
012:         {
013:         }
```

```
014:         }
015:     }
```

POINT

環境によっては5行目のusing System.Threading.Tasks;が挿入されない場合があります。行番号は変わりますが、本書の範囲では、あってもなくても動作に影響はありません。

❷ Program.csの編集

コードエディタに表示されているプログラムの12行目の{の後で Enter キーを押して改行し、次のコードを追加してください（リスト2-2）。

リスト2-2 初回追記する部分を抜粋（Program.cs）

```
        Console.WriteLine("Hello World");
        Console.ReadLine();
```

空白部分およびアルファベット記号はすべて半角で記入してください。あとであらためて説明しますが、この2行は「Hello World」という文字を表示したのち、 Enter キーが押されるまで待機するという意味のコードです。

追記した結果、コードは次のようになっているはずです（リスト2-3）。なお、新たに入力する箇所がわかりやすいように、あらかじめ入力されているところは、グレーの文字で示しています。

リスト2-3 追記を行った全文（Program.cs）

```
001:  using System;
002:  using System.Collections.Generic;
003:  using System.Linq;
004:  using System.Text;
005:  using System.Threading.Tasks;
006:
007:  namespace sample001
008:  {
009:      class Program
010:      {
011:          static void Main(string[] args)
012:          {
013:              Console.WriteLine("Hello World");
014:              Console.ReadLine();
```

この2行を入力する

```
015:             }
016:         }
017:     }
```

コード入力時はVisual Studioのコード補完機能を活用すると素早く入力ができます。

文字の入力中にコードの下に一覧のようなものが表示されているのに気が付いたと思います。例えば「Cons」まで入力すると下の画像のように候補が表示されます（図2-12）。

図2-12 コード補完機能

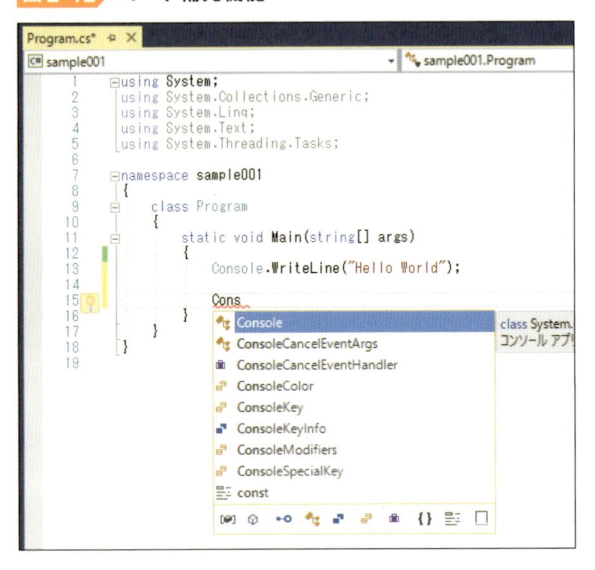

この状態で Enter キーを押すと、「Console」までが補完されて入力されます。さらに続けて「.Wri」と入力すると「Write」と「WriteLine」の2つが候補として表示されるので、↑ ↓ キーで「WriteLine」のほうを選択して、Enter キーを押すと「WriteLine」が補完されます。

続いて「(」を入力すると自動で対になる「)」も入力されます。また、「"」を入力すると「"」も自動で入力されます。自動で入力してくれるのは便利ですが、慣れないうちは戸惑うので注意しましょう。Visual Studioでプログラミングを行う場合は、このような支援機能をうまく活用すると、効率よく開発を進めることができます。

POINT

記述したコードの下に赤い波線が表示されている場合は、何か間違いがあります。本書の記述と見比べてください。また、＜エラー一覧＞ウィンドウに何か表示されていないか確認してみましょう。

◎ プログラムを実行する

編集したプログラムを実行してみます。Visual Studioでプログラムを試しに実行することを「デバッグする」または「デバッグ実行する」といいます。

デバッグなしで実行することもできますが、デバッグ実行の場合、途中で止めて状態を確認したりと、実行中のより詳細な情報が得られます。

❶ デバッグの開始

プログラムをデバッグするには F5 キーを押すか、ツールバーの<開始>をクリックします(図2-13)。また、以下の操作方法でもデバッグを実行できます。

- 上部メニューバーの<デバッグ>→<デバッグの開始>を選択する
- ソリューションエクスプローラーのプロジェクト名の上で右クリックし、<デバッグ>→<新しいインスタンスの開始>を選択する

図2-13 F5 または開始ボタンでデバッグの開始

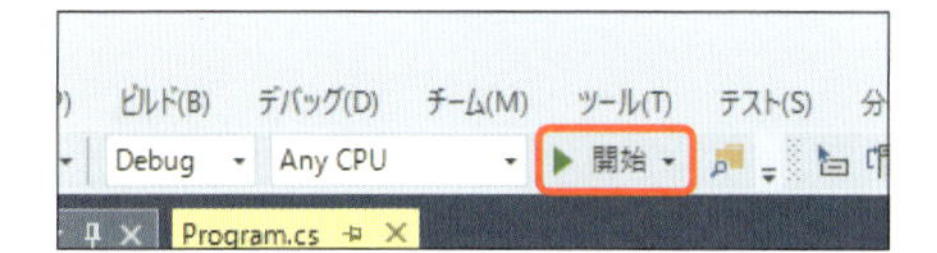

❷ 動作の確認

デバッグが開始されるとコンソールアプリケーションのウィンドウが新しく表示され、画面にHello Worldと表示されます(図2-14)。

図2-14 デバッグ開始でアプリケーションが起動する

❸ デバッグの終了

動作を確認したらアプリケーションの右上の<×>ボタンをクリックしてデバッグを終了します。必要があれば、プログラムに修正を行い、修正の必要がなくなれば完成です。

C#の基本構造を理解しよう

Program.csのコードを元にプログラミングの基本構造を紹介します。C#のプログラムは名前空間、クラス、メソッドなどのさまざまな要素が組み合わさって構成されています。それぞれの詳しい意味はあとの章で少しずつ説明していくので、ここでは大まかな構造やプログラムの書き方の作法を覚えてください。

◎ Program.csの内容を確認する

ここで実行したコードの内容を見返してみましょう（リスト2-4）。

リスト2-4 文字を表示するプログラム（Program.cs）

```
001: using System;
002: using System.Collections.Generic;
003: using System.Linq;
004: using System.Text;
005: using System.Threading.Tasks;
006:
007: namespace sample001
008: {
009:     class Program
010:     {
011:         static void Main(string[] args)
012:         {
013:             Console.WriteLine("Hello World");
014:             Console.ReadLine();
015:         }
016:     }
017: }
```

using句

コードの最初に「using……」という形で、利用する機能を宣言します。例えば「using System.Text;」はテキストを操作するための機能を利用するという宣言です。

Program.csには最初から、よく使われる機能のusingが記述されていますが、それらに含まれない機能を利用する場合はusingを追加する必要があります。

名前空間(namespace)

名前空間は住所のようなもので、同じクラス名が複数存在することを可能にします。ただし、プログラム開発の序盤では編集する必要がないので、今は名前空間というものがあるという程度に覚えておいてください。

{}と字下げ

namespaceの次行の「{」はコードの一番下の「}」と対になっており、namespaceの範囲が「{」から対になっている「}」までの範囲であることを示します。この「{」と「}」で囲まれた部分をブロックといいます。

「{」と「}」で囲まれた範囲内のコードは読みやすいように字下げ(インデント)され、右にずらして記述されます。字下げにはスペースやタブが使われます。Visual Studioではスペース4つ分の字下げが行われます(図2-15)。

図2-15 C#の{}と字下げ

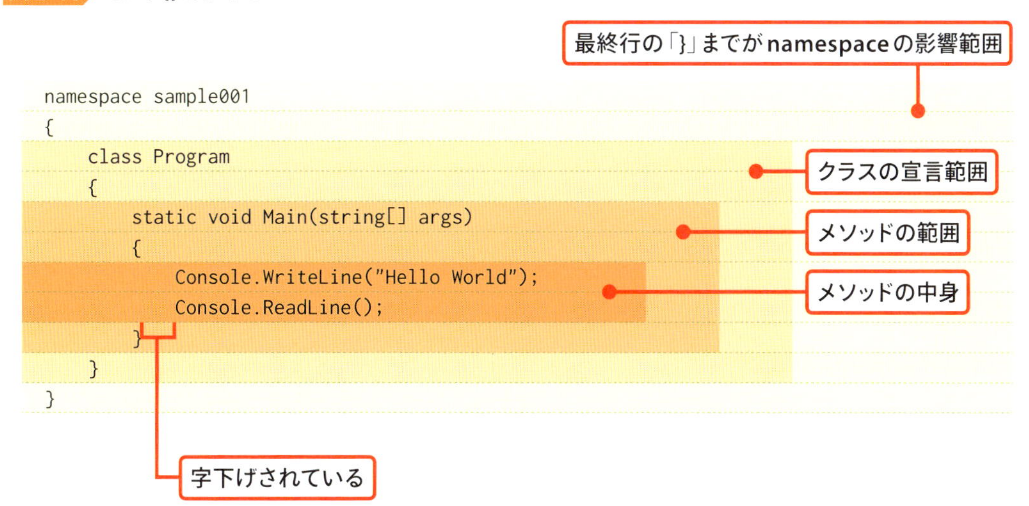

クラス

クラスはオブジェクト指向の用語です。C#もオブジェクト指向言語なので、クラスを利用できます。クラスにはデータと処理を記述することができます。Program.csの場合は「class Program」の「Program」がクラスの名前です。

メソッド

メソッドにはプログラムの処理を記述できます。クラスやメソッドについては「CHAPTER 4　クラスを理解しよう」で解説します。

追加したコード

メソッド内に記述されたコードです。ここに記述することでメソッドが実行された際にコードが実行されます。1つの文はセミコロン「;」で終了します（図2-16）。

図2-16 追加したコード

このコードは、Consoleがコンソールアプリケーションの画面（コンソールといいます）を指し、WriteLineは英語のWrite（書く）とLine（行）で、一行文字を書くという意味です。

( )の内側の「"」で囲まれたHello Worldという文字が書き出す文字です。

同様にConsole.ReadLine()はコンソールに書き込まれた文字を一行（Line）読み込む（Read）という意味です。コンソールアプリケーションが実行後すぐに終了してしまうのを避けるため、一行読み込む機能を利用して、Enterキーが押されるまで待機させています。

C#はクラスを利用することができ、クラスはデータと処理を記述できると先ほど説明しましたが、Consoleがクラスで、WriteLineやReadLineが処理です。どちらもコンソールに文字を書き出したり、コンソールから文字を読み込む処理なので、Consoleというクラスから利用します。クラスの処理を呼び出す場合はクラス名と処理の間に「.（ドット）」を挟みます。

また、Consoleクラスは System名前空間に属するので正式には「System.Console.WriteLine」と書きますが、1行目の「using System;」の働きで「System.」を省略できるようになっています。

コメント

コメントを使えば、コード内にメモや説明を記述することができます。コメント内の記述はプログラムとして実行されることがありません。「//」から行末まではコメントとみなされます。また、複数行のコメントを書きたい場合は「/*」から「*/」の間に書きます。

●コメントの例

```
// …………

/*
 * ……
 */
```

C#のプログラムコードの構造を理解する

名前空間の定義があり、その中にクラス定義があり、その中にメソッドが入っているというのが、C#のコードの基本です。クラスを書かずにメソッドだけ書くことはできません（図2-17）。

図2-17 名前空間、クラス、メソッド

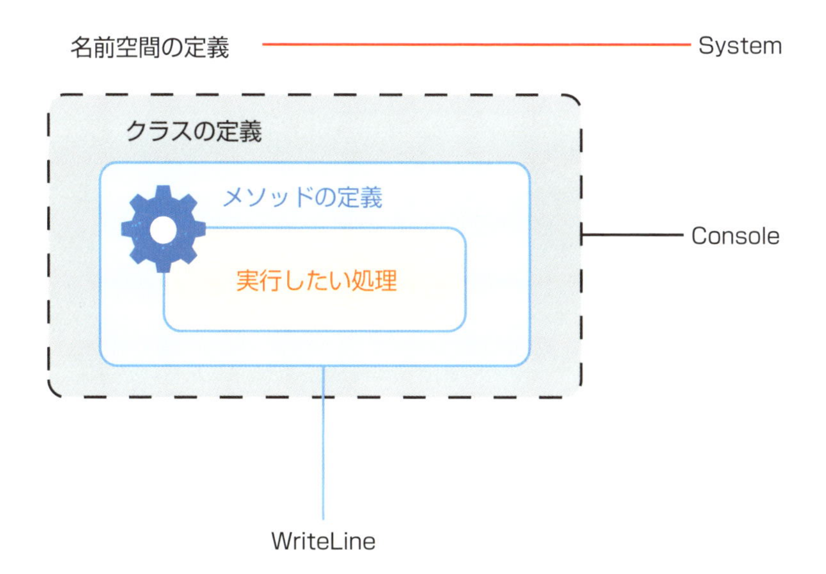

COLUMN　プロジェクトの保存場所と開き方

Visual Studioの再起動時などに、作成したプロジェクトをもう一度開く方法を解説します。

Visual Studioの起動時は「スタートページ」という画面が表示されます。その中の＜最近＞という項目に、新しく利用したプロジェクトからいくつかが表示されています。これらをクリックしてファイルを開くことができます。メニューバーの＜ファイル＞→＜最近使ったプロジェクトとソリューション＞からも同様にプロジェクトを選ぶことができますが、どちらも最近利用した数件しか表示されません（図2-18）。

図2-18　最近使ったプロジェクトとソリューション

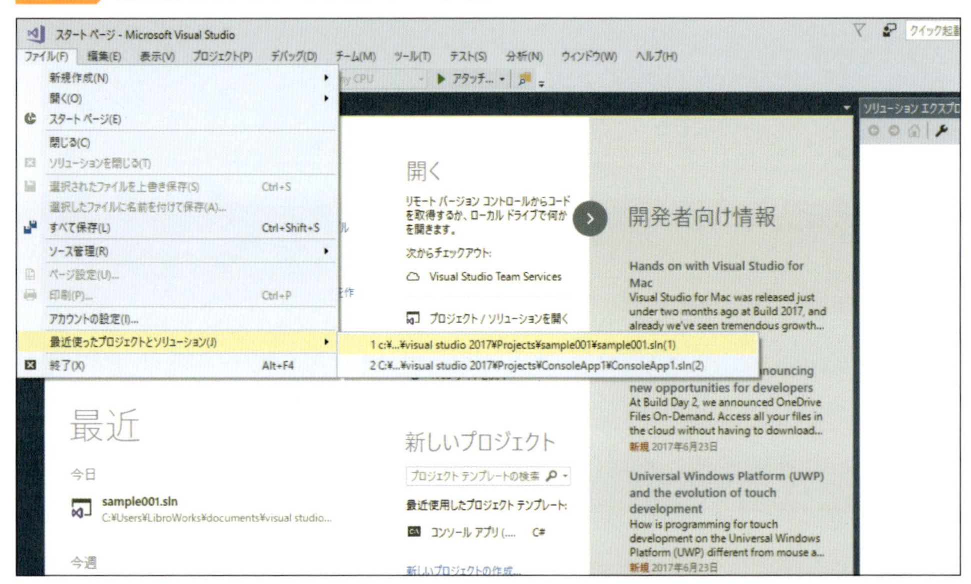

Visual Studioのデフォルトの設定では、プロジェクトはドキュメントフォルダー内のVisual Studio 2017の中のProjectsフォルダーの中に配置されています。例えばこのCHAPTERで作成したsample001プロジェクトは以下の場所にあります。

C:¥Users¥（ユーザー名）¥Documents¥Visual Studio 2017¥Projects¥sample001

（ユーザー名）の部分には皆さんのユーザー名が入ります。ここからファイルを開きたい場合は、sample001フォルダー内にあるsample001.slnという「sln」という拡張子を持つファイルをダブルクリックすると、Visual Studioが起動して、プロジェクトを開くことができます。

CHAPTER

3

C#で簡単な計算をしよう

SECTION 01

計算しよう

計算は、電卓の役割を持ったアプリケーションや、ゲームの得点計算など、さまざまな場面で必要になります。アプリケーションを開発する場合は、計算も含めて、さまざまな処理を組み合わせることで完成させていきます。ここでは、足し算、引き算、割り算、掛け算といった計算をC#でどのように記述するのかを学習していきます。

◎ 足し算、引き算、掛け算、割り算をする

まずは足し算を行ってみます。CHAPTER 2を参考にしてコンソールアプリケーションのプロジェクトを作成し、以下のように記述します（リスト3-1）。ここではプロジェクト名を「keisan」としたものとして進めます。

リスト3-1 足し算（Program.cs）

```
001: using System;
002: using System.Collections.Generic;
003: using System.Linq;
004: using System.Text;
005: using System.Threading.Tasks;
006:
007: namespace keisan
008: {
009:     class Program
010:     {
011:         static void Main(string[] args)
012:         {
013:             Console.WriteLine(1 + 1);
014:             Console.ReadLine();
015:         }
016:     }
017: }
```

この2行を入力する（013〜014行目）

プログラムをデバッグ実行すると「2」が出力されます。実際に足し算を行っている部分は「1＋1」です。「+」が右の値と左の値を足し算する記号です（図3-1）。

図3-1 式と演算子

・リテラル

コードの中の「1」のような値は**リテラル**といいます。リテラルはコード内に直接記述された文字や数字を指し、それぞれ文字リテラル（文字の場合）、整数リテラル（整数の場合）と呼びます。

・演算子

「+」を**演算子**といいます。演算子には計算を行う以外にも、比較やメソッドの呼び出しなどでも使われます。それらについては後述するので、今は気にしないでかまいません。

・式

「1＋1」という計算を**式**といいます。

・文

「Console.WriteLine(1 + 1);」という一行を**文**といいます。

COLUMN 式と文

式と文の違いについては、今はまだ深く考えないでください。今後「〜文」「〜式」という表記が出てくる中で、少しずつ関係が理解できるようになってくるはずです。本書を最後まで読んで、ある程度プログラミング能力が付いてから読み直してみることをおすすめします。その際は、式が何らかの値を返すこと、文は値を返さないことに注意して読むと理解が進むでしょう。

引き算

多くの方が予想しているとおり、引き算は以下のように記述します（リスト3-2）。

リスト3-2 引き算（Program.cs）

```
013: Console.WriteLine(5 - 1);
014: Console.ReadLine();
```

足し算で利用したkeisanプロジェクトの13行目と14行目を置き換えることで、引き算の結果を見ることができます。ぜひ、デバッグ実行してみてください。

POINT

Mainメソッド以外の部分は共通なので、以降コンソールアプリケーションではコード全文を記載せず、Mainメソッドの中のコードのみ記載します。Mainメソッド中とは、Mainと書かれた行に続く「{」と「}」で囲まれた部分です。

プログラムを実行すると「4」という結果が得られます。「5 - 1」の部分が引き算を行っている部分です。

COLUMN　式の途中の半角スペースについて

「5 - 1」と空けたほうが読みやすいため半角スペースを挟んでいますが、「5-1」と間の半角スペースを削除して書いても同じ意味になります。実際にそう書くことはありませんが、2つ以上の半角スペースがあっても、1つの半角スペースの場合と動作は変わりません。

掛け算

掛け算は以下のように記述します（リスト3-3）。

リスト3-3 掛け算（Program.cs）

```
013: Console.WriteLine(3 * 2);
014: Console.ReadLine();
```

プログラムを実行すると「6」という出力が得られます。一般的な掛け算の記号「×」ではなく「*」（アスタリスク）です。

割り算

割り算の記号は「/」です。以下の例の実行結果は「3」です（リスト3-4）。

リスト3-4 割り算（Program.cs）

```
013:   Console.WriteLine(6 / 2);
014:   Console.ReadLine();
```

割り算の余り

割り算を行ってその余りを求めることもできます。以下の例の実行結果は「3」です（リスト3-5）。

リスト3-5 割り算の余り（Program.cs）

```
013:   Console.WriteLine(8 % 5);
014:   Console.ReadLine();
```


演算の優先順位を理解する

演算には計算の優先順位があります。以下のコードの出力を予想してみてください。演算子の優先順位が同じなら左から計算されるはずです（リスト3-6）。

リスト3-6 演算子の優先順位（Program.cs）

```
013:   Console.WriteLine(1 + 1 * 5);
014:   Console.ReadLine();
```

結果は「6」です。この計算は「1 * 5」が先に行われ、続いて左端の1と「1 * 5」の5が足し算されます。「*」のほうが「+」より、演算子の優先順位が高いためです。

それでは、以下の計算はどうなるでしょう？

かっこの中にかっこが入っているのでちょっと読みづらいですが、式だけを抜き出すと「(1 + 1) * 5」です（リスト3-7）。

リスト3-7 ()の優先順位（Program.cs）

```
013:   Console.WriteLine((1 + 1) * 5);
014:   Console.ReadLine();
```

プログラムの実行結果は「10」です。「( )」で囲んだ部分が先に計算されます。これは「( )」の優先順位が「*」より高いためです。

- 参考：演算子の優先順位と結合規則
  https://msdn.microsoft.com/ja-jp/library/aa691323

◎ C#ではできない記法、エラーとなる記法

C#の式は数学で習う式に似ていますが、C#ではできない書き方や、必ずエラーになる計算もあります。いくつか紹介しましょう。

掛け算記号は省略できない

先ほどは「()」を使いましたが、数学のように「()」の前に値を書く場合に、掛け算記号を省略することはできません。数学の場合は4(4+8)のように掛け算記号を省略できますが、C#では以下のように省略せずに記述する必要があります（リスト3-8）。

リスト3-8 掛け算記号の省略（Program.cs）

```
013: Console.WriteLine(4 * (4 + 8));
014: Console.ReadLine();
```

0で割る計算はできない

割り算の割る数を0にすることはできません（リスト3-9）。

リスト3-9 0で割る（Program.cs）

```
013: Console.WriteLine(5 / 0);
014: Console.ReadLine();
```

上記のようにコンピューターでも0で割ると予測がつく場合は、デバッグを行う前にVisual Studioがエラーを教えてくれます。＜エラー一覧＞ウィンドウには「定数0による除算です。」と表示され、デバッグ実行することができません（図3-2）。

図3-2 定数0による除算

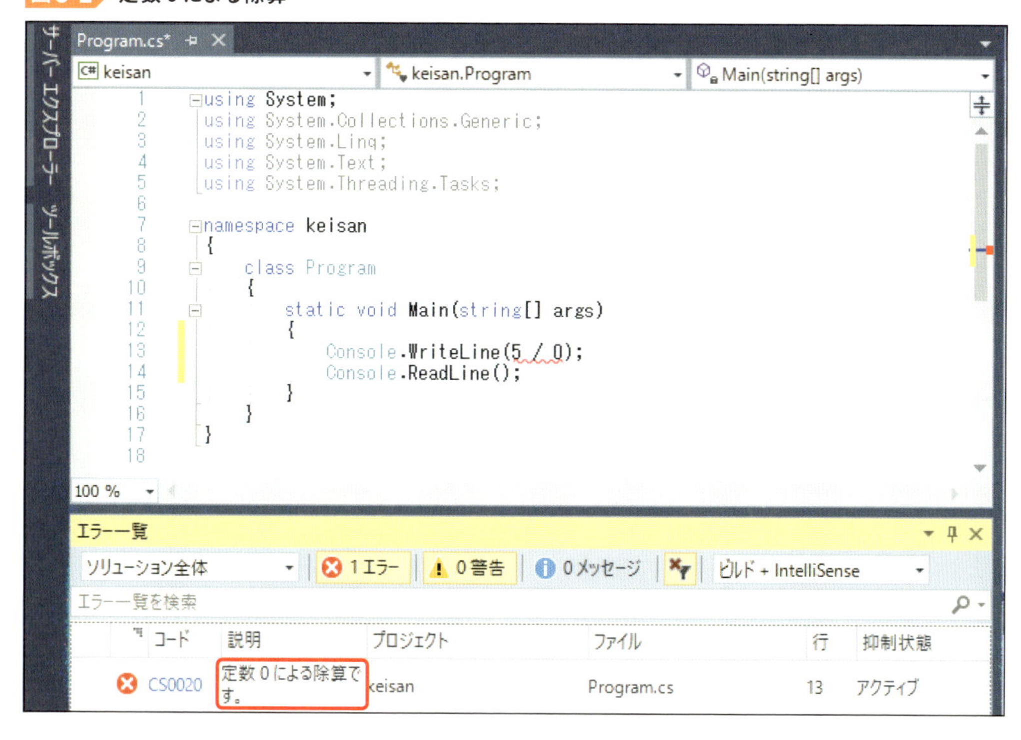

POINT

プログラムのエラーは実行する前にわかるもの以外に、実行してから発生するものがあります。実行してから発生するエラーはアプリケーションが終了してしまうなど、より影響が大きくなるので注意しましょう。実行時に0で割る計算が行われた場合、「DivideByZeroException」というエラーが表示されます。Divideが「割られる」、ByZeroが「0によって」という意味です。

COLUMN プログラミング能力は学習と実践で身に付ける

プログラミングの能力を身に付けるには、書籍などを読んでルールを学ぶことに加えて、実際に自分で実現したいことをコードとして表現する力が磨く必要があります。コードを書く能力を身に付けるには、本を読むだけでマスターできないので、「自分で書く」ことが大事です。いろいろなコードを入力して、デバッグしてみてください。本書のコードを自分で試してみる場合は、ぜひ値などを変えてみるなど、いろいろと試してみてください。その中で書き方を間違えたことによるエラーを体験することもあるでしょう。エラーに遭遇し、自力で解決するのも実践の1つです。

SECTION 02

変数を使おう

このセクションではプログラミングの変数について解説します。変数とはデータを格納するためのものです。変数にデータを格納することで、データを保存したり、あとから利用したりすることができます。C#の変数は作成時に型を指定する必要があります。数字なら数字、文字なら文字用の変数を用意する必要があります。例えば計算の結果を後から利用したい場合などに、計算結果のデータを変数に格納しておけば、後から結果のデータをもとにさらに計算を行うというようなことができます。

◎ 変数とは?

変数の宣言

変数はデータを格納するためのものです。例えば計算の結果を後から利用したい場合などに、計算結果のデータを変数に格納しておけば、後から結果のデータをもとにさらに計算を行うというようなことができます。変数を使うには、先に「こういう型でこういう名前の変数を使いますよ」と指定して用意する必要があります。変数を用意することを「宣言する」といいます（リスト3-10）。

▶ 数値（整数）型の変数の宣言

書式 **変数の型 変数名;**

概要 変数は数値なら数値、文字なら文字しか扱えず、型でそれを指定します。以下のコードのintは整数を扱う型です。型の右に半角スペースを空けて変数名を指定します。変数名は自由に付けることができますが、intやclassといったC#で利用されている文字は利用できません。以下の例は、「int型の変数numberを宣言する」という意味です。

例 int number;

リスト3-10 数値（整数）型の変数の宣言（Program.cs）

```
013:  int number;
```

最初の「int」が変数の型で、int型は整数を格納するための型です。続く「number」が変数の名前です。つまりこの行の意味は、「int型という整数を扱う型の変数numberを使うことを宣言した」になります。C#の変数は扱うデータを限定する型の指定が必要です。例えば整数を扱うint型の変数には文字を入れることができません。

値の代入

変数を用意したら、値を入れてみましょう。変数に値を入れることを「代入」といいます。代入には「=」記号を用います（リスト3-11）。数学の4＋5＝9のような＝とは異なります。

リスト3-11 数値（整数）型の変数への代入（Program.cs）

```
013:  int number;                    ―― 宣言
014:  number = 11;                   ―― 代入
015:  Console.WriteLine(number);
016:  Console.ReadLine();
```

変数に整数の11を代入しました。プログラムを実行すると「11」が表示されます。変数の宣言と、代入の方法を学びましたが、代入と宣言を一行でまとめて行うこともできます（リスト3-12）。

リスト3-12 宣言と代入を一行で行う方法（Program.cs）

```
013:  int number = 11;
014:  Console.WriteLine(number);
015:  Console.ReadLine();
```

代表的な型を確認する

C#の型でよく利用される型をいくつか紹介します。

int型

int型は整数を扱うための型です。

int型では「-2147483648」から「2147483647」の値を扱えます。範囲を超えた値を代入するとエラーになります（リスト3-13）。

リスト3-13 int型

```
int number = 17;
```

double型

double型は整数に加えて小数も扱うことができる型です（リスト3-14）。

リスト3-14 double型

```
double doubleValue = 3.5;
```

COLUMN intとdoubleの使い分け

整数も小数も扱えるdoubleを常に使えばよいのでは？と思う人もいそうですが、doubleは整数も小数も扱いたい場合に利用し、値が整数に限られる場合はintを利用しましょう。「整数しか使えない」というのは単に制約というだけではなく、「整数以外の値が入っていることはない」という安全を得ることができます。

string型

string型は「文字列」を扱う型です。文字列とは複数の文字の集まりを指します。文字列は「"（ダブルクォート）」で囲んで利用します。これを文字列リテラルといいます（リスト3-15）。

リスト3-15 string型

```
string stringValue = "abc";
string stringValue2 = "あいうえお";
```

char型

char型は「文字」を扱う型です。char型は1文字だけ入れることができます。文字は「'（シングルクォート）」で囲んで利用します。これを文字リテラルといいます（リスト3-16）。

リスト3-16 char型

```
char charValue = 'a';
char charValue2 = 'あ';
```

bool型

bool型は真偽値を扱える型です。bool型にはtrue（真）とfalse（偽）の2つの値しか入りません。これはCHAPTER 5で紹介する条件分岐の判定などに利用できます（リスト3-17）。

リスト3-17 bool型

```
bool boolValue = true;
bool boolValue2 = false;
```

変数を応用する

もう少し理解を深めるために、変数の少し応用的な使い方を紹介します。

計算式を利用した変数の初期化方法

初期化に計算式を使った場合、式の計算結果が変数に代入されます。以下の例では変数intValueに「4 + 5」を計算した結果の「9」が代入されます（リスト3-18）。

リスト3-18 計算式を使う方法

```
int intValue = 4 + 5;
```

変数を利用した変数の初期化方法

変数に変数を代入することができます。以下の例では変数intValue2に整数の「4」が代入されます（リスト3-19）。

リスト3-19 変数を利用する方法

```
int intValue = 4;
int intValue2 = intValue;
```

いい方を変えると、変数や式も整数と同じように利用できるということです。

SECTION 03

配列を使おう

配列変数は、CHAPTER 5で説明する繰り返し処理などと組み合わせ、複数のデータをまとめて処理したいときに使用します。さまざまなケースで利用するものなので、ひとまずここでは配列の考え方と、宣言などの書き方を頭に入れておいてください。

◎ 配列とは?

配列は、同じ型のデータをまとめてセットにした変数です。配列変数ともいいます。配列は、同じ型の変数を1つの集まりとして扱うことができます。例えば以下のように5個のint型の変数が必要になったとします。配列を使わないと以下のような記述になるでしょう。

● int型の変数を5つ用意する

```
int intValue1;
int intValue2;
int intValue3;
int intValue4;
int intValue5;
```

配列を使うと記述を簡潔にできます。

● int型の値を5つ保持できる配列を用意する

```
int[] intArray = new int[5];
```

一行ですっきり記述することができました。

◎ 配列の記法

変数を用意する場合は「型 変数名」の形で宣言しました。配列変数では「型[] 変数名」という形で宣言します。int型の配列であれば型名の横に「[]」を付けて「int[]」とします。

右辺のnewは新しく作成するという意味で、int[5]は、int型で要素の数が5つの配列という意味です

(図3-3)。配列の場合は初期化時にその配列で利用する個数を指定する必要があります。

▶ 配列

書式 **型[ ] 変数名 = new 型[データの個数]**

概要 配列では型の右隣りに[]を付けます。データの個数には配列で利用するデータの個数を指定します。

図3-3 配列変数

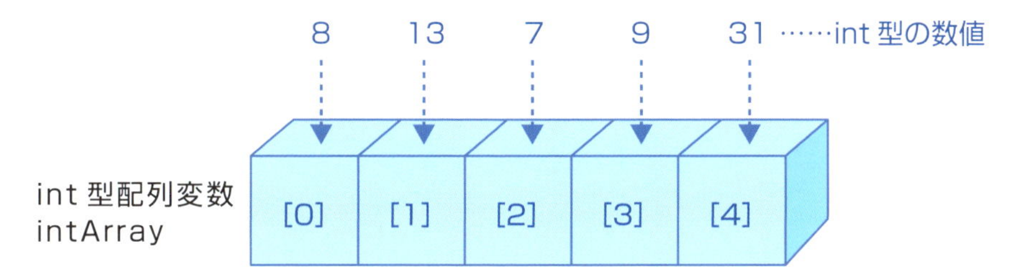

配列の値を指定した初期化方法

配列の要素数のみを指定して初期化した場合、各要素の値はint型のデフォルト値の0で初期化されます。0でない値で初期化したい場合は以下のように記述します。以下の例では1、2、3、4、5を代入して初期化しています(リスト3-20)。

リスト3-20 配列の初期化

```
// 一番簡略化した初期化方法
int[] intArray = {1, 2, 3, 4, 5};

// これも簡略化した書き方
int[] intArray2 = new int[]{1, 2, 3, 4, 5};

// 一番省略しない書き方
int[] intArray3 = new int[5]{1, 2, 3, 4, 5};
```

書き方は3種類ほどありますが、どの書き方でも同じ結果になります。実際に使う場合は一番上の簡略化した書き方でかまいません。

◎配列の値を取り出す方法

配列の値を利用したい場合は、配列名の右に[数字]という形で**添え字**を指定して、値を取り出します。

次のコードは4つ目の要素を取り出す場合です。配列の添え字は0から始まるので4つ目の要素を取り出したい場合に3を指定する点に注意してください(リスト3-21)。

リスト3-21 添え字を用いて値を取り出す方法

```
int[] intArray = {1, 2, 3, 4, 5};

// 添え字に3を指定した場合、4番目の数値「4」が取り出される
Console.WriteLine(intArray[3]);
```

注意したいのは配列の添え字は0から始まるため、4番目の値を取り出したい場合の添え字は3になるという点です。要素を5つ持つ配列の場合、初期化時は[]の中の数字は5です。しかし値を取り出す場合には5つ目の要素の場合の[]の中の数字は4なので注意してください(リスト3-22)。

リスト3-22 初期化時と取り出し時の[ ]値に注意

```
int[] intArray = {1, 2, 3, 4, 5};

// 配列の添え字に4を指定すると5番目の要素が取り出される
int intValue = intArray[4];

// 4番目の要素を取り出したい場合は1つ減らした3を添え字に指定する
Console.WriteLine(intArray[3]);
```

CHAPTER

4

クラスを理解しよう

SECTION

01 クラスの基礎を理解しよう

これまでもクラスやメソッドは名前だけ登場していましたが、ここではC#のクラスについて掘り下げて解説していきます。まずはクラス、フィールド、メソッドの基本的な書き方、使い方を覚えましょう。クラスはオブジェクト指向という考え方に基づいている機能なので、オブジェクト指向についても合わせて解説します。

◎ クラスとは?

クラスとは、オブジェクト指向と呼ばれる考え方から生まれた機能です。
初学者がプログラミングを学ぶ上で難しいと感じるポイントでもあります。クラスの難しさには以下のような原因があります。

- **機能とその記法がたくさん登場する**
- **オブジェクト指向について理解していないと「なんの役に立つのか」がピンとこない**

クラスにはたくさんの機能があります。オブジェクト指向に基づいた便利な機能ですが、すべてを覚えないとクラスを使えないということはありません。最初のうちは最低限の機能を持ったクラスを記述できればそれで十分です。
また、クラスはオブジェクト指向という考え方に基づいているため、オブジェクト指向を知らないと、その機能が「なぜ便利なのか」が理解できない面もあります。本書ではなるべくその機能がどういう場面で便利なのかも解説しながら進めるようにします。

◎ オブジェクト指向とは?

オブジェクト指向という考え方がなかったころのプログラミングの方法を「手続き型」といいます。手続き型の言語には当然ですがクラスの概念はありません。手続き型の言語で有名なものにC言語がありますが、C言語にオブジェクト指向の機能を追加した言語にC++という言語があります。このことからもわかるとおり、オブジェクト指向は従来のC言語のような手続き型の言語にクラスを追加したものといえます。

手続き型言語には変数と、手続きがありました。手続きについてはこのあと具体的に説明しますが、変数に値を代入したり、計算をしたりといった処理のことです。この処理はプログラミングでは関数やメソッドと呼ばれます。

オブジェクト指向では手続き型言語の変数や手続きをクラスという機能でまとめることができるようになりました。手続き型では変数とその変数を利用する手続きが別々に存在しましたが、クラスにまとめることで、散らばったおもちゃを箱に分類して整理するようにまとめることができます(図4-1)。

図4-1 手続き型とオブジェクト指向型

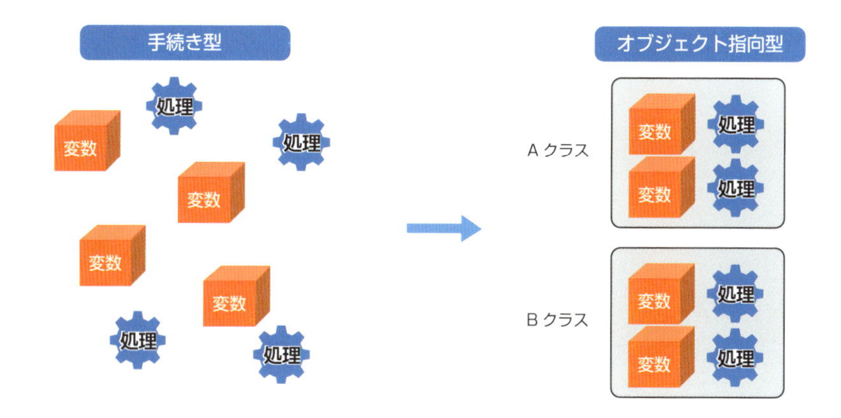

COLUMN 最初はオブジェクト指向には深入りしない

クラスを学ぶ上での難しさは、やはりオブジェクト指向についての理解がないと難しい点です。ただし、オブジェクト指向は、これまであった手法では「プログラミングの規模が大きくなるとどんどん複雑になる」という問題に対処するための機能です。当然、その利点やなんの役に立つかを知るためには規模の小さいプログラミングではピンときません。この点は今は気にする必要はありません。スキルアップしてどんどん大きなプログラムを書いていくうちに理解も深まっていくでしょう。

◎ クラスの基本的な構文を確認する

クラスの基本的な記述方法を確認していきましょう。クラスには変数と処理を持たせることができます。C#では、クラスに所属する変数を「**フィールド**」、処理を「**メソッド**」と呼びます。まずはクラスにどのような変数や処理を持たすのかという定義の部分から紹介します。定義を元に実際にクラスを利用する方法は後ほど紹介します。なお、フィールド、メソッドを合わせてクラスのメンバーといいます。
クラスの定義の基本的な書き方は以下のとおりです。

▶ クラスの定義

書式

```
class クラス名
{
    型 フィールド名;

    戻り値 メソッド名()
    {
        // 処理を記述する
    }
}
```

概要 classキーワードのあとにクラス名を記述します。クラス名は変数同様に自由に付けることができます。クラスの{ }内にフィールドとメソッドの定義を書きます。

実際に動作するコードとして記述すると以下のようになります（リスト4-1）。ここでは生徒の情報を管理するプログラムを想定して、生徒を表すStudentというクラスの定義を記述します。定義したクラスはそれだけでは利用できません。利用する方法はもう少しあとで紹介します。

リスト4-1 クラスの例（Studentクラスの定義）

```
// クラス名はStudentクラスとする
class Student
{
    // 生徒の学籍番号を扱うint型のフィールドno
    int no;

    // 生徒の名前を扱うstring型のフィールドname
    string name;

    // メソッド
    // コンソールに生徒の情報を出力するメソッドConsoleWriteInfomation
    void ConsoleWriteInfomation()
    {
        Console.WriteLine(no);
        Console.WriteLine(name);
```

```
            return;
        }
    }
```

それぞれの要素を見ていきましょう。

クラス名

クラス名はclassというキーワードのあとに記述します。以下の例ではStudentがクラス名になります。後続する波かっこ「{}」の中に、クラスの内容を書いていきます（リスト4-2）。

リスト4-2 クラス名

```
class Student
{
    // フィールドやメソッドを記述する
}
```


フィールド

フィールドとはクラスの変数です。

フィールドはクラス名の波かっこ「{}」の中に記述します。変数の宣言と同じく、型の指定が必要です。クラスの{}直下に書くとフィールド、メソッドの{}内に書くと変数と覚えるとよいでしょう。フィールドは複数持つことができます（リスト4-3）。

リスト4-3 フィールド定義のみ抜粋

```
// 生徒の学籍番号を扱うint型のフィールドno
int no;

// 生徒の名前を扱うstring型のフィールドname
string name;
```

リスト4-3ではint型でフィールド名がnoというフィールドと、string型でnameというフィールドの2つが存在します。

メソッド

メソッドもフィールドと同様にクラス名の波かっこ「{}」の中に記述します。また、メソッドも名前の前に型の指定を書きます。これはメソッドが処理の結果として返す値の型です。

▶ メソッドの定義

書式
```
戻り値の型 メソッド名()
{
   メソッド内で行う処理;
   return 戻り値;
}
```

概要 メソッドはメソッドが返す値の型のあとにメソッド名を記入し、()を記述します。()内には引数を指定できます(P.70参照)。{}の間にメソッドで行う処理を記述します。

リスト4-4 メソッド定義のみ抜粋

```
// コンソールに生徒の情報を出力するメソッドConsoleWriteInfomation
void ConsoleWriteInfomation()
{
    Console.WriteLine(no);
    Console.WriteLine(name);

    return;
}
```

この例ではConsoleWriteInfomationという名前のメソッドを定義しています(リスト4-4)。このメソッドにはコンソール画面に文字を出力する処理(Console.WriteLine)が記述されており、フィールドのnoとnameの値をそれぞれ出力します。ConsoleWriteInfomationメソッド名の左に記述されているvoidはメソッドが返す「戻り値」(返り値とも呼ぶ)の型です。戻り値については、クラスの使い方を学んだあとのほうがわかりやすいので、まずはクラスの使い方を説明します。

◎ クラスを利用する

ここまで記述してきたのはクラスがどのようなフィールドを持ち、どのようなメソッドを持つかという定義でした。クラスを利用するには、定義を元にクラスの**インスタンス**を作成します。クラスは設計図でしかなく、インスタンスは実際にデータなどを記録できる実体です。クラスのインスタンスを作成するには**newキーワード**を利用します(リスト4-5)。

リスト4-5 インスタンスの作成

```
Student studentInstance = new Student();
```

▶ インスタンスの作成

書式 **型名 変数名 = new クラス名();**

概要 new クラス名()と書くことでインスタンスを作成し、変数に代入してから利用します。変数の型は通常はクラス名を使用します。

例 Student studentInstance = new Student();

リスト4-5の例で、左側のStudentは型名でstudentInstanceは変数名です。整数を表すint型のように、Studentクラスは Student型という新しい型を作ります。インスタンスは直接触れることができないため、同じ型の変数を通して利用します。

クラスの定義と利用する記述を合わせた全文は次のようになります。インスタンスを作る記述はクラスの定義の外に書きます。この例ではMainメソッドの中に書いています（リスト4-6）。

リスト4-6 クラスの利用（Program.cs）

```
001:  using System;
002:  using System.Collections.Generic;
003:  using System.Linq;
004:  using System.Text;
005:  using System.Threading.Tasks;
006:
007:  namespace ConsoleApplication1
008:  {
009:      class Program
010:      {
011:          static void Main(string[] args)
012:          {
013:              // Studentクラスのインスタンスを作成する
014:              Student studentInstance = new Student();
015:
016:              Console.ReadLine();
017:          }
018:      }
019:
020:      // Studentクラスの定義
021:      class Student
022:      {
023:          // 生徒の学籍番号を扱うint型のフィールドno
024:          int no;
025:
026:          // 生徒の名前を扱うstring型のフィールドname
```

```
027:            string name;
028:
029:            // メソッド
030:            // コンソールに生徒の情報を出力するメソッドConsoleWriteInfomation
031:            void ConsoleWriteInfomation()
032:            {
033:                Console.WriteLine(no);
034:                Console.WriteLine(name);
035:
036:                return;
037:            }
038:        }
039:    }
```

POINT

上の例では一覧しやすいように同一ファイル内に記述していますが、クラスの記述は別のファイルに書くのが一般的です。

クラスのフィールドやメソッドの利用方法

Studentクラスのインスタンスを作成しました。続いてクラスのフィールドやメソッドを利用します。クラスのフィールドやメソッドを利用する場合は「.」を用いて、「インスタンスを代入した変数.フィールドまたはメソッド」の形で書きます（リスト4-7）。

リスト4-7 フィールドやメソッドの利用

```
013: // Studentクラスのインスタンスを作成する
014: Student studentInstance = new Student();
015:
016: // インスタンスのフィールドnoに学生番号を代入する
017: studentInstance.no = 1;
018:
019: // インスタンスのフィールドnameに学生の名前を代入する
020: studentInstance.name = "西村";
021:
022: // インスタンスのメソッドを呼び出す
023: studentInstance.ConsoleWriteInfomation();
024:
025: Console.ReadLine();
```

Studentクラスから作成したインスタンスstudentInstanceのnoフィールドに学生番号を、nameフィールドに名前を代入しています。続いてメソッドConsoleWriteInfomationを呼び出すことでコンソールに学籍番号と名前が出力されます。

しかし、実際にこのコードを実行するとエラーになります。このエラーを理解するにはクラスのアクセス修飾子について理解する必要があります。

アクセス修飾子の追加

変数studentInstanceに代入したインスタンスのフィールドやメソッドを利用するためには、フィールドとメソッドにアクセス修飾子というものを指定する必要があります。

アクセス修飾子はフィールドやメソッドが利用(アクセス)できる公開範囲を指定します。

これまでのコードではアクセス修飾子が指定されていませんでしたが、それは未指定の場合はデフォルトの値が適用されるという仕様により、デフォルトの公開範囲が指定されていたからです。後述しますが、デフォルトでは「private」という最も狭い公開範囲になります。privateで指定したフィールドやメソッドはクラスのメソッドからしかアクセスできないのです。

クラスのインスタンスを作成してクラスのメソッド以外からフィールドやメソッドを利用可能にするためには、以下のように「public」を指定します(リスト4-8)。

リスト4-8 フィールド、メソッドにアクセス修飾子を指定する方法(Program.cs)

```
029: // Studentクラスの定義
030: class Student
031: {
032:     // 生徒の学籍番号を扱うint型のフィールドno
033:     public int no;                          ← publicを指定する
034: 
035:     // 生徒の名前を扱うstring型のフィールドname
036:     public string name;                     ← publicを指定する
037: 
038:     // メソッド
039:     // コンソールに生徒の情報を出力する
040:     public void ConsoleWriteInfomation()    ← publicを指定する
041:     {
042:         Console.WriteLine(no);
043:         Console.WriteLine(name);
044: 
045:         return;
046:     }
```

これでStudentクラスのフィールドとメソッドがインスタンスを作成したコードから利用できるようになりました。

アクセス修飾子には主に以下の3種類があります（表4-1）。

表4-1 代表的なアクセス修飾子

アクセス修飾子	働き
public	制限なく、クラスの外からも利用できる
protected	クラス内または、クラスを継承（P.74参照）したクラスから利用できる
private	クラス内からのみ呼び出すことができる

図4-2 アクセス修飾子の働き

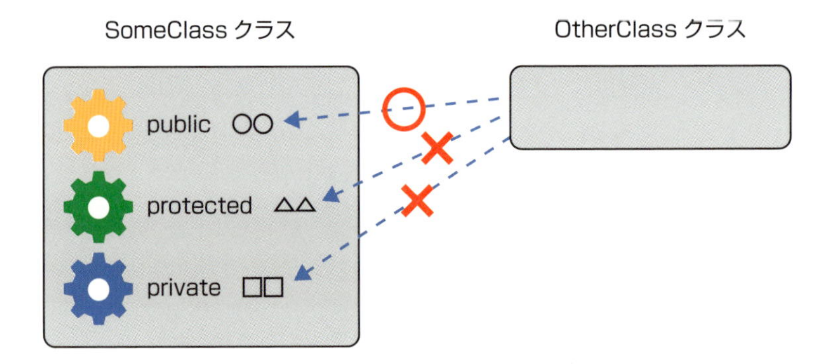

クラスのインスタンスを生成した側から利用できるのは、publicを指定したフィールド、メソッドのみです（図4-2）。

POINT

他にも「Internal」「protected internal」というアクセス修飾子もありますが、慣れない間は先の3つ（public、protected、private）を覚えておきましょう。

COLUMN 必要なものだけpublicにする理由

C#のクラスに含まれるフィールド、メソッドのアクセス修飾子は、未指定の場合privateになります。publicのほうがどこからも利用できて便利そうですが、どこからでも利用できるというのは、裏を返すと、どこから利用されているのかわかりません。つまり、バグが出やすくなる、バグを修正しづらくなる恐れがあるのです。ですから、フィールドやメソッドは必要なものだけpublicにしましょう。

クラスのインスタンスを作成する理由

クラスの定義があって、利用する場合にインスタンスを作成するというのは一見面倒に見えますが、以下のように同じクラス定義を利用して複数のインスタンスを作成することで、複数の生徒を表すことができることを考えると便利さが理解できるでしょう（リスト4-9）。

リスト4-9 インスタンスで複数の生徒を表す

```
// 1人目の生徒西村を表すインスタンスを作成する
Student nishimuraInstance = new Student();

nishimuraInstance.no = 1;
nishimuraInstance.name = "西村";

nishimuraInstance.ConsoleWriteInfomation();

// 2人目の生徒山田さんを作成する
Student yamadaInstance = new Student();

yamadaInstance.no = 2;
yamadaInstance.name = "山田";

yamadaInstance.ConsoleWriteInfomation();
```

2つのフィールド（nishimuraInstanceとyamadaInstance）にそれぞれの学籍番号（no）、名前（name）を持たせることで、2つのインスタンスがそれぞれ2人の生徒を表すようになり、データのまとまりがわかりやすくなりました（図4-3）。

図4-3 クラスからインスタンスを作成

Student クラス

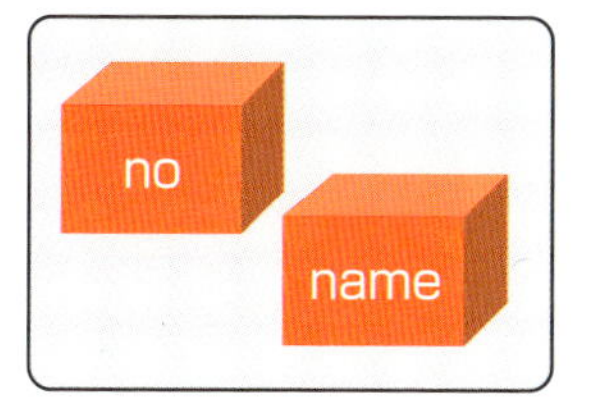

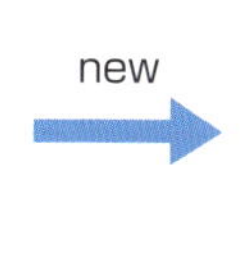

インスタンス

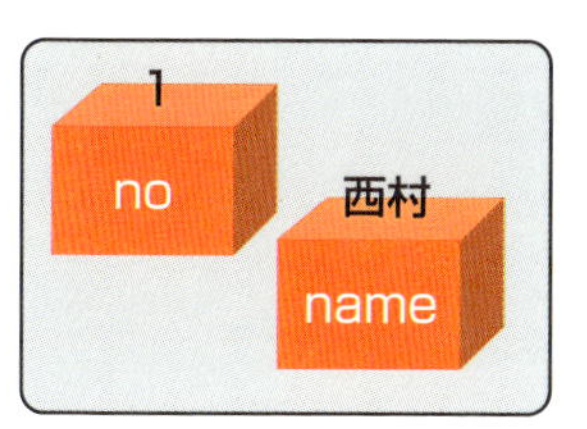

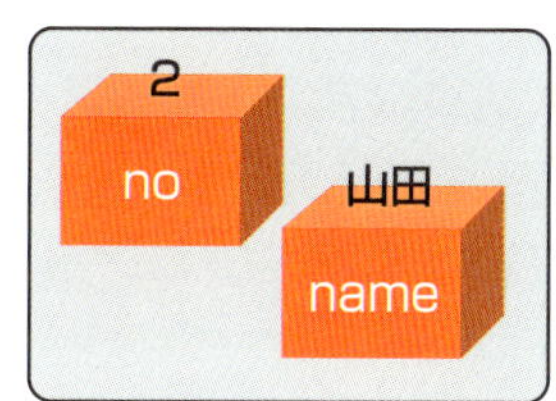

◎ メソッドの使い方を理解する

メソッドは処理を記述することができ、記述した処理は呼び出して利用することができます。

メソッドの利用

以下はprivateなメソッドをクラスの別メソッドから利用している例です。methodBはprivateなので他のクラスのメソッドから利用することはできません（リスト4-10）。

リスト4-10 メソッドを同じクラス内から利用

```
public void methodA()
{
    // クラスのメソッドをクラスのメソッドから呼び出す
    methodB();
}

private void methodB()
{
    Console.WriteLine("methodBが呼び出されました");
}
```

publicなmethodAはクラスのメソッド以外からも呼び出し可能なので、インスタンスを作成した側（クラス外）から呼び出すことができます（リスト4-11）。

リスト4-11 メソッドのクラス外からの利用

```
Student studentInstance = new Student();

studentInstance.methodA();

// methodBは呼び出せない。以下のコードはエラーになる
//studentInstance.methodB();
```

メソッドの戻り値

メソッドは処理を実行したあとに値を返すことができます。その値をメソッドの戻り値といいます。int型の整数を返すメソッドは以下のように記述します（リスト4-12）。

リスト4-12 int型の値を返すgetNoメソッド

```
public int getNo()
{
    // フィールドのnoの値を返す
    return no;
}
```

メソッド内で値を返す場合はメソッドの処理内でreturnキーワードを使って返します。何も値を返さない場合は型をvoidとし、returnのみ記述します。

先ほどのStudentクラスに学籍番号を返すgetNoメソッドを追加して、インスタンスのgetNoメソッドを呼び出してみます（リスト4-13）。

リスト4-13 getNoメソッドの利用

```
// Studentクラスのインスタンスを作成する
Student studentInstance = new Student();

// インスタンスのフィールドnoに学生番号を代入する代入する
studentInstance.no = 1;

// メソッドの戻り値を受け取る
int gakusekiNo = studentInstance.getNo();
```

メソッドの戻り値はこのように「=」を用いて代入することができます。何も値を返さない場合はvoid型を戻り値に指定します（リスト4-14）。

リスト4-14 何も返さないメソッド

```
void ConsoleWriteInfomation()
{
    Console.WriteLine(no);
    Console.WriteLine(name);

    return;
}
```

戻り値がvoidの場合に限りreturnは省略可能です（リスト4-15）。

リスト4-15 戻り値がvoidの場合はreturnは省略可能

```
void ConsoleWriteInfomation()
{
    Console.WriteLine(no);
    Console.WriteLine(name);
}
```

メソッドの引数

メソッドは呼び出し側から値を受け取ることができ、この受け取る値を**引数**といいます。引数の指定は以下のようにメソッド名のあとの「( )」に「型 引数名」の形で記述し、複数の引数を指定する場合は「,」で区切ります（リスト4-16）。

リスト4-16 引数の例

```
public int addMethod(int a, int b)
{
    return no + a + b;
}
```

addMethodメソッドはint型の2つの引数を取り、引数の値にさらにnoフィールドの値を追加して返します。

引数を持ったメソッドは以下のように呼び出します（リスト4-17）。

リスト4-17 引数を持ったメソッドの利用

```
// メソッドの結果を受け取るための変数
int result;

Student studentInstance = new Student();

studentInstance.no = 4;

result = studentInstance.addMethod(3, 2);

// 9が出力される
Console.WriteLine(result);
```

addMethodメソッドには3と2という2つの値を引数に渡します。noフィールドの値が前の行で4に指定されているので、addMethodの戻り値として変数resultは9を受け取ります（図4-4）。

図4-4 引数と戻り値

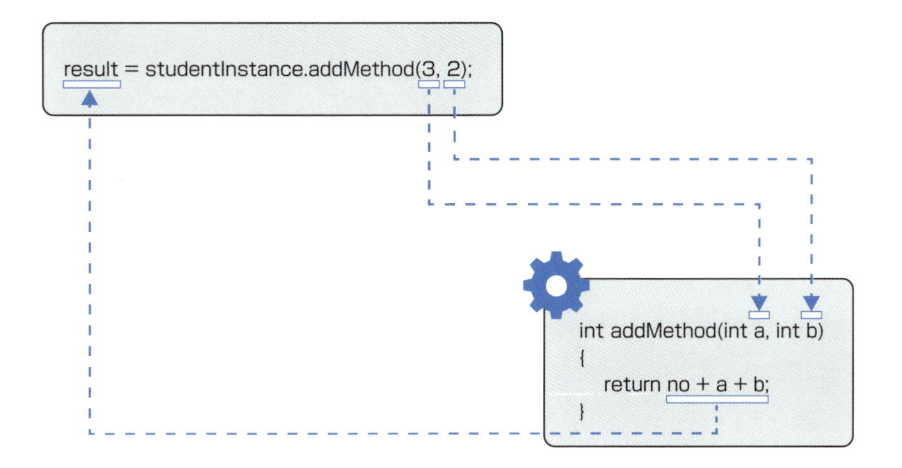

◎ クラスのまとめ

クラスは設計図ともいえるクラスの定義があり、それをもとにnew演算子を利用してインスタンス化します。

クラスはクラスの変数ともいえる、フィールドと、処理を記述したメソッドを持ちます。

フィールドやメソッドはアクセス修飾子を利用して公開範囲を指定することが可能です。インスタンスを利用する側から操作されたくないものをprivateにするとクラスの利点を生かすことができます。

COLUMN プロパティ

C#のクラス内で定義できるものには、フィールドとメソッドの他にプロパティがあります。プロパティは値の設定や取得を行うためのもので、使い方はフィールドとほぼ同じなので、外部から利用していると違いがわからないかもしれません。フィールドとの違いは、値の設定時や取得時に何らかの処理を実行できるという点です。取得はできるけれど設定はできない読み取り専用プロパティを作ることもできます。プロパティの定義については本書では割愛しますが、フィールドと同じように利用できるものとだけ覚えておいてください。

なお、Visual Studioの＜プロパティ＞ウィンドウとC#のプロパティは同じものではありません。＜プロパティ＞ウィンドウで値を設定した結果が、クラスのプロパティに反映されることはありますが、用語としては別物です（P.32参照）。

SECTION 02

クラスの継承と初期化とは？

ここではクラスの継承と初期化、インスタンスといった、少し高度なルールについて説明します。すぐに理解して使いこなすのは難しいと思いますが、CHAPTER 6以降で説明するFormやButtonなどのクラスでは普通に使われています。今は大まかな考え方だけでも頭に入れておけば十分なので、アプリケーションの作成を体験してから読み返せば理解が深まるはずです。

◎ 変数の有効範囲とthisとは？

フィールドとローカル変数の違い

これまで説明したようにクラスのフィールドはメソッドで利用することができます（リスト4-18）。

リスト4-18 フィールドの値をメソッドで利用する方法

```
class SomeClass
{
    // クラスのフィールド
    int intValue;

    // int型のフィールドintValueを2倍したものを返す
    int intMethod()
    {
        return intValue * 2;
    }
}
```

ここでは、クラス内で定義したint型のフィールドintValueをクラス内のint型メソッドintMethodの中で計算に使っています。

メソッドの中で定義した変数を、フィールドと区別して**ローカル変数**といいます。クラスのフィールドは複数のメソッドで利用できますが、ローカル変数は定義したメソッドの中でしか利用できません。以下の例のメソッドintMethod_BはintMethod_Aのローカル変数localValueを2倍した値を返そうとしますが、これはエラーになります（リスト4-19）。

リスト4-19 ローカル変数はメソッド内でのみ利用可能

```
class SomeClass
{
    // ローカル変数を使うメソッド
    int intMethod_A()
    {
        int localValue = 4;

        return localValue;
    }

    int intMethod_B()
    {
        return localValue * 2;
    }
}
```

以下のようにクラスのフィールドであれば、複数のメソッドで利用することができます（リスト4-20）。

リスト4-20 クラスのフィールドは複数のメソッドで利用可能

```
class SomeClass
{
    // クラスのフィールド
    int intValue = 2;

    // intMethod_AでintValueを利用する
    int intMethod_A()
    {
        intValue = 4;

        return intValue;
    }

    // intMethod_BでもintValueを利用する
    int intMethod_B()
    {
        return intValue * 2;
    }
}
```

クラスのフィールドやメソッドに付けるthis

フィールドかローカル変数か明示するためにthisキーワードを利用することができます。thisは「このインスタンス」を表しており、フィールドやメソッドであればthis.を付けることができます。ローカル変数には付けられません（リスト4-21）。

リスト4-21 thisを利用

```
class SomeClass
{
    // クラスのフィールド
    int intValue = 2;

    // intMethod_AでintValueを利用する
    int intMethod_A()
    {
        // クラスのフィールドであることを示すthisを付ける
        this.intValue = 4

        // thisは省略しても良い
        return intValue;
    }
}
```

thisは省略可能です。付けるかどうかには絶対的な指針はありませんので、1人で書いているコードなら好みで、複数人で書く場合はチームでどうするかを決めるといいでしょう。thisを付けたり、付けなかったりバラバラだとコードが読みづらくなってしまいます。

継承とは？

クラスは他のクラスを継承することで、継承したクラスのフィールドやメソッドを利用できるようになります。継承の元となるクラスを「基底クラス」。基底クラスを継承したクラスを「派生クラス」といいます（図4-5）。

クラスの継承によって、既存のクラスを利用して必要なところだけ書き足す開発が可能になります。例えばCHAPTER 6以降のWindowsフォームアプリケーションの開発では、ウィンドウの基本機能を提供するFormクラスを継承し、必要な処理を書き加えて時計やゲームなどのアプリケーションを開発します。

図4-5 基底クラスと派生クラス

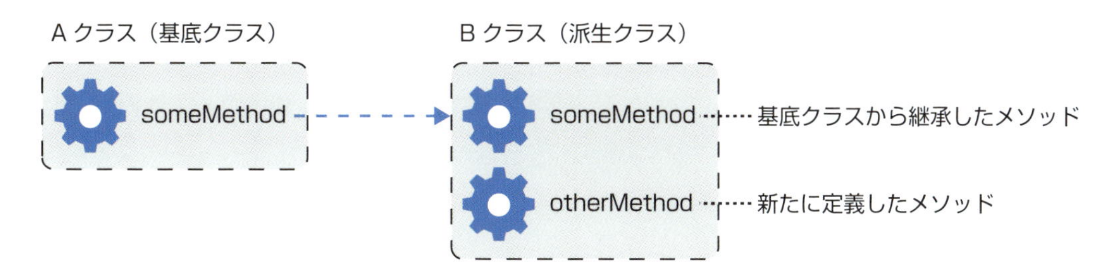

既存のクラスを継承して新たなクラスを作成する場合、クラス名のあとに「: 基底クラス名」と継承するクラス名を記述します。

▶ 継承したクラスの定義

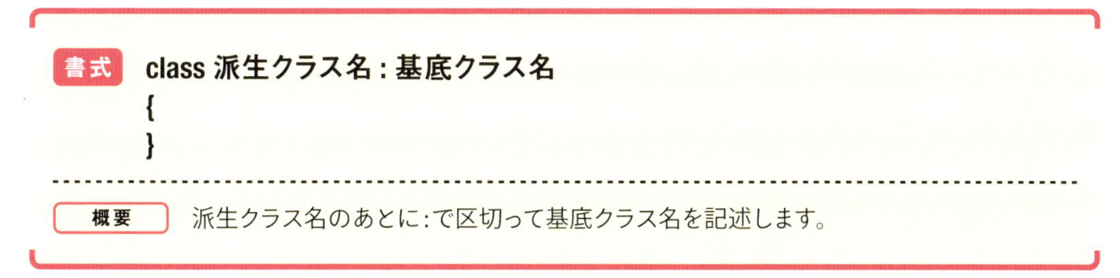

書式

```
class 派生クラス名 : 基底クラス名
{
}
```

概要 派生クラス名のあとに:で区切って基底クラス名を記述します。

以下の例では、Studentクラスは生徒を表しますが、その前に人を表すPersonというクラスを定義して、継承しています（リスト4-22）。人は名前を持つためにPersonクラスにはnameフィールドがあり、学籍番号は生徒に与えられる番号なのでStudentクラスが持つことにします。

リスト4-22 継承のコード例

```
// 人を表すPersonクラス
class Person
{
    public string name;
}

// StudentクラスはPersonを継承している
class Student : Person
{
    // 生徒の学籍番号を扱うint型のフィールドno
    public int no;

    // 基底クラスがnameフィールドを持つためStudent側にnameフィールドの記述が不要になった
```

```
    // メソッド
    // コンソールに生徒の情報を出力する
    public void ConsoleWriteInfomation()
    {
        Console.WriteLine(no);

        // ここで基底クラスのnameを利用している
        Console.WriteLine(name);

        return;
    }
}
```

StudentクラスはPersonクラスを継承しています。StudentクラスのConsoleWriteInfomationメソッドではStudentクラスのフィールドnameを利用しています。

継承した派生クラスでは基底クラスのフィールド、メソッドを利用できます（リスト4-23）。

リスト4-23 クラスBを利用するコード

```
Student studentInstance = new Student();

// nameはPersonクラスのフィールドだが継承したStudentクラスからも利用できる
studentInstance.name = "西村";
```

このように継承を利用すると別のクラスで定義されたメソッドや、フィールドを利用することができます。

継承を利用しないと、２つのクラスに同じ処理を書く必要があり、その処理に修正が入った場合の修正箇所も2か所と手間が倍増してしまいます。

◎ インスタンス作成時に初期化する

クラスのインスタンスを作成した際に、必ずある処理を実行したい場合があります。例えば、生徒を表現したStudentクラスには必ず名前と学生番号が必要だとします（リスト4-24）。

リスト4-24 Studentクラスのnameとnoに値を持たせる例

```
Student student = new Student();
student.name = "西村";
student.no = 21;
```

このようにインスタンス作成後に設定してもいいのですが、書き忘れるかもしれません。クラスの**コンストラクタ**という機能を使えば、書き忘れを防ぐことができます。

コンストラクタはnewを使ってインスタンスを作成した際に呼び出される初期化用のメソッドです。クラス名と同じ名前を付けたメソッドがコンストラクタになります(リスト4-25)。

リスト4-25 コンストラクタ

```
class Student
{
    // 生徒名を表すstring型のnameフィールド
    public string name;

    // 学生番号を表すint型のnoフィールド
    public int no;

    // string型とint型の引数を取るコンストラクタ
    public Student(string arg_name, int arg_no)
    {
        // nameとnoを初期化する
        this.name = arg_name;
        this.no = arg_no;
    }
}
```


Studentというクラス名と同じ名前のメソッドがコンストラクタです。

コンストラクタでは、arg_name、arg_noという2つの引数を取り、それぞれをクラスのフィールドnameとnoに代入しています。

argは英語のargumentの略でargumentは引数という意味です。

コンストラクタを持ったクラスStudentのインスタンスを作るときは、以下のように記述します。

```
Student student = new Student("西村", 1);
```

インスタンスごとに別の初期値を渡すことができます。

```
Student studentA = new Student("西村", 1);

Student studentB = new Student("山田",2);
```

ただし、このように値を渡すコンストラクタを定義すると、それまで使えていた値を渡さずに「new Student()」という書き方はできなくなる点に注意してください。値を渡さなくてもいいコンストラクタをあらためて定義する必要があります。

◎ Mainメソッドに付いている「static」とは何か？

これまでのコードの中でstaticというキーワードが何度か出てきていることにお気づきでしょうか？例えばエントリポイントとなるMainメソッドの定義は「static void Main(……)」となっていますね。

このstaticはフィールドやメソッドの頭に付けるもので、staticの付いたフィールドやメソッドはnewを用いてインスタンス化しなくても利用できます。その代わり複数作成されず、プログラム上で1つしか作成されません。

POINT

これまでstaticの説明をしなかったのは、static付きのフィールドやメソッドが例外的な存在だからです。先に「クラスからインスタンスを作る」という流れを頭に入れておかないと、staticの特殊性が理解できません。

staticなフィールドの利用例として、現在の時刻を取得するDateTimeクラスのNowフィールドを紹介します（リスト4-26）。DateTimeクラスは、コンソールアプリケーションにあらかじめ用意されているもので、日付や時間を扱う便利なクラスです。そのNowフィールドはstatic付きで定義されています。

リスト4-26 DateTimeクラスのNowフィールド

```
// 現在の時刻を取得する
DateTime now_time = DateTime.Now;

// 今年が2017年ならコンソールに2017年と出力される
Console.WriteLine(now_time.Year + "年");
```

このようにNowフィールドは「new DateTime()」という具合にDateTimeクラスのインスタンスを作成せずに利用します。これは現在の時刻を取得するフィールドは複数存在する必要がないためstaticにするのが適しているからです。

staticに関しては、既存のコードに入っているので解説しましたが、使いどころを決めるのが難しい面もあります。クラスに慣れていない間は無理に使う必要はありません。

実際にクラスを作ろう

ここまでクラスについての考え方やルールを説明してきましたが、説明を読むだけではわかりにくいので、実際に手を動かして簡単なクラスを作成してみましょう。1つのファイル内にクラスを書くこともできますが、C#ではクラスごとにファイルを作成することが推奨されています。そのための Visual Studio での操作方法についても解説していきます。

◎ クラスを作成する

❶ プロジェクトの作成

コンソールアプリケーションのプロジェクト「SampleClass」を作成します。
プロジェクトの作成についてはCHAPTER 2の解説を参考に進めてください。

❷ フォルダーの作成

ソリューションエクスプローラーのプロジェクト名のSampleClass上で右クリックし、<追加>→<新しいフォルダー>を選択します（図4-6）。

図4-6 フォルダーの作成

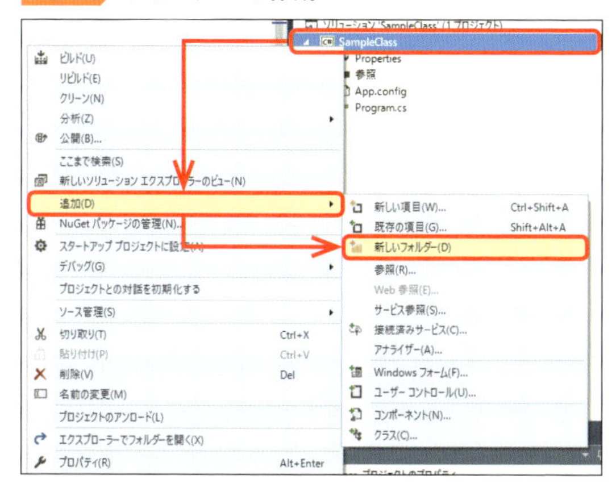

ソリューションエクスプローラー上に「NewFolder1」という名前のフォルダーが追加されました（図4-7）。フォルダーはWindowsのフォルダーと同様にプログラミングに必要な画像ファイルや、クラスを分類して保存するために利用できます。今回はこのフォルダー内にクラスファイルを保存します。

図4-7 ソリューションエクスプローラー

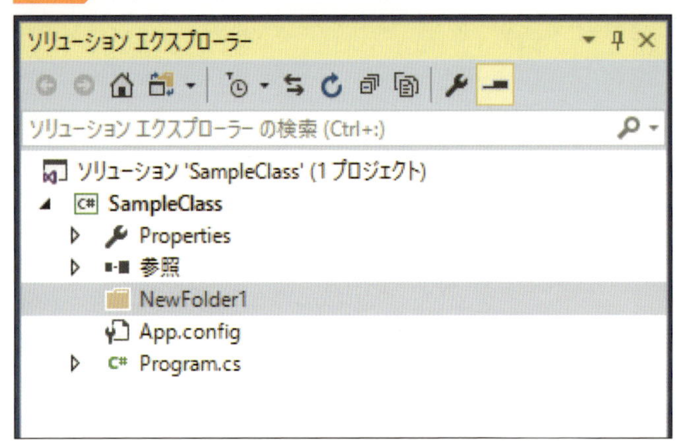

❸ クラスのファイルを作成

作成したNewFolder1上で右クリックし、＜追加＞→＜新しい項目＞をクリックします（図4-8）。

図4-8 ファイルの作成

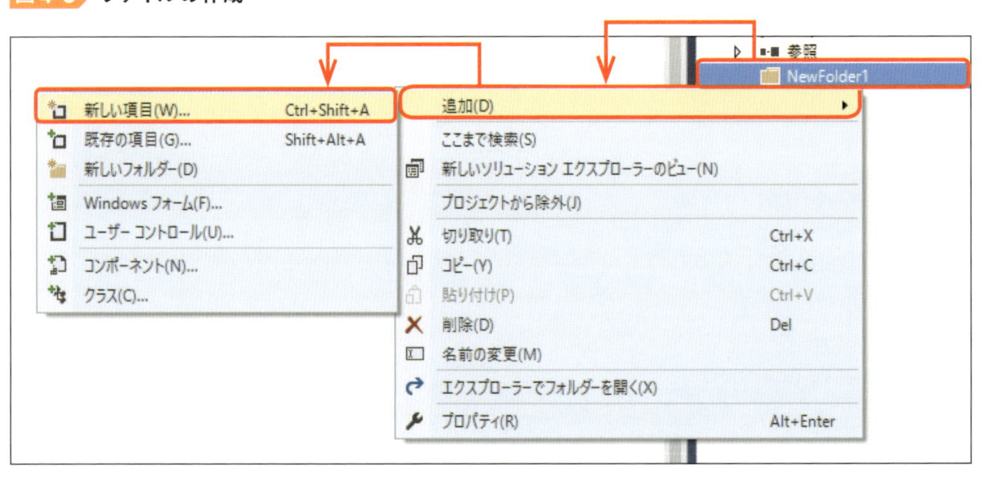

＜新しい項目の追加＞ダイアログボックスが表示されるので、中央の一覧から＜クラス＞を選択し、下部の＜名前＞欄に「Calc」と入力し、右下の＜追加＞をクリックします（図4-9）。

図4-9 ＜新しい項目の追加＞ダイアログボックス

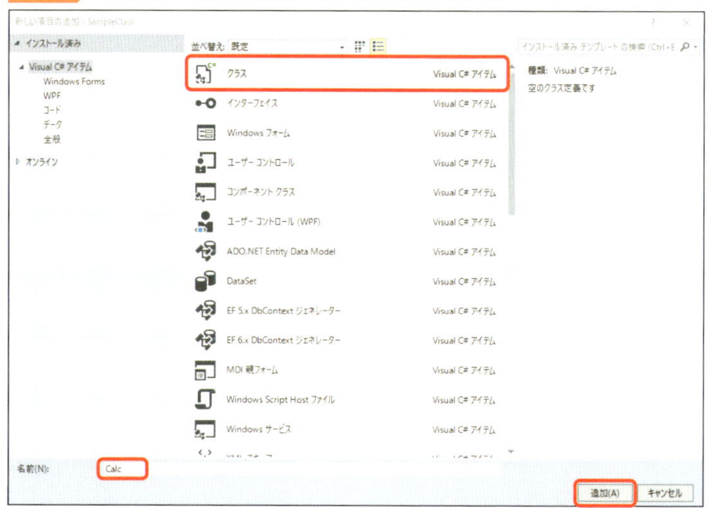

POINT

＜名前＞には拡張子付きでCalc.csと入力してもかまいません。拡張子「.cs」がない場合は自動で補完されるため、どちらでも作成されるファイルはCalc.csとなります。

Calc.csというファイルがNewFolder1の下に作成され、エディタ画面に開かれます。開かれていない場合やエディタ画面を閉じてしまった場合は、ソリューションエクスプローラーからCalc.csをダブルクリックすることで開くことができます。

ファイルCalc.csファイルにはすでにひな形となるコードが以下のように記述されています（リスト4-27）。

リスト4-27 Calc.csの初期コード（Calc.cs）

```
001: using System;
002: using System.Collections.Generic;
003: using System.Linq;
004: using System.Text;
005: using System.Threading.Tasks;
006:
007: namespace SampleClass.NewFolder1
008: {
009:     class Calc
010:     {
011:     }
012: }
```


4 クラスを理解しよう

ここで名前空間(namespace)の行を見てください。Program.csファイルの名前空間は「SampleClass」のみでしたが、NewFolder1以下に作成されたCalc.csの名前空間は「SampleClass.NewFolder1」となっていますね。

フォルダー内にクラスのファイルを作成した場合、SampleClassプロジェクトのNewFolder1にあるCalcクラスとなるのです。

❹ クラスのインスタンスを作成する

何も処理を記述していないCalcクラスができたので、Program.csでインスタンスを作って利用してみましょう。ソリューションエクスプローラーの「Program.cs」をダブルクリックして、Program.csを開いて次のようにusing句とMainメソッド内の処理を追記します(リスト4-28)。

リスト4-28 using句とMainメソッド内の処理を追加 (Program.cs)

```
001: using System;
002: using System.Collections.Generic;
003: using System.Linq;
004: using System.Text;
005: using System.Threading.Tasks;
006: using SampleClass.NewFolder1;
007:
008: namespace SampleClass
009: {
010:     class Program
011:     {
012:         static void Main(string[] args)
013:         {
014:             Calc calcValue = new Calc();
015:         }
016:     }
017: }
```


using句には以下の行を追加しています。

```
using SampleClass.NewFolder1;
```

usingは「機能を利用します」という意味だと以前に説明しました。つまりこの行は「SampleClass.NewFolder1名前空間の機能を利用しますよ」という意味になります。SampleClass.NewFolder1名前空間にはCalcクラスがあるので、これでCalcクラスが利用できるようになりました。

Mainメソッド内でCalc型の変数calcValueを宣言し、newを利用して作ったインスタンスを代入しています。

```
Calc calcValue = new Calc();
```

❺ クラスにメソッドを追加する

ソリューションエクスプローラーの「Calc.cs」をダブルクリックして、Calc.csに戻り、Calcクラスに処理を追加しましょう。今回は2つのint型の引数を受け取り、引数を足し算したものを返すaddメソッドを追加します（リスト4-29）。

リスト4-29 addメソッドの追加（Calc.cs）

```
001: using System;
002: using System.Collections.Generic;
003: using System.Linq;
004: using System.Text;
005: using System.Threading.Tasks;
006:
007: namespace SampleClass.NewFolder1
008: {
009:     class Calc
010:     {
011:         public int add(int a, int b)
012:         {
013:             return a + b;
014:         }
015:     }
016: }
```

❻ addメソッドを利用する

最後にProgram.cs側でaddメソッドを利用します（リスト4-30）。

リスト4-30 addメソッドの利用（Program.cs）

```
001: using System;
002: using System.Collections.Generic;
003: using System.Linq;
004: using System.Text;
005: using System.Threading.Tasks;
006: using SampleClass.NewFolder1;
007:
008: namespace SampleClass
```

```
009:  {
010:      class Program
011:      {
012:          static void Main(string[] args)
013:          {
014:              Calc calcValue = new Calc();
015:
016:              // 結果を受け取る変数
017:              int result;
018:
019:              result = calcValue.add(4, 3);
020:
021:              // 7が出力される
022:              Console.WriteLine(result);
023:
024:              Console.ReadLine();
025:          }
026:      }
027:  }
```


これを実行すると、数値を足した結果が表示されます。簡単ですが電卓のような機能を持つクラスです。

◎ 実践でクラスを少しずつ理解する

この章では、クラスについて解説しました。

クラスやオブジェクト指向について理解するために知らないといけないことはまだまだありますが、入門時は書き方を覚えてフィールドやメソッドを利用できれば大丈夫です。

クラスやオブジェクト指向を活用するには、ある程度開発の経験が必要になってくるからです。

以降の章では、実際に動作するアプリケーションを作成していきますが、新しくクラスを作成することはありません。本セクションで利用したDateTimeクラスのようにアプリケーションを作成する上で便利なクラスがいろいろと用意されており、それらを利用するだけである程度の規模のアプリケーションが作成できます。

クラスが難しくて理解できていないと感じているならば、まずは以降の章を読みながら、あらかじめ用意されたいろいろなクラスを利用してから本セクションを読み直してみるとよいでしょう。

CHAPTER

5

条件分岐と繰り返しを覚えよう

SECTION 01

条件分岐でプログラムの流れを変えよう

条件分岐とは、何かの条件に応じて処理を切り替えることです。実用アプリケーションでもゲームでも、ユーザーの操作や状況に合わせてプログラムを動かすために欠かせません。2つに分岐するif文と、複数に分岐するswitch文の2種類があり、条件が複雑な場合はif文、条件は単純ながら選択肢が多い場合はswitch文というように使い分けます。

制御構文とは?

ここまでの知識では、プログラムはMainメソッドの上から順番にコードを実行していくだけでした。メソッドの呼び出しの場合も、呼び出されたメソッドを実行して、呼び出した行に戻るため、流れとしては順々にコードを実行するという点では同様です。

本章で学ぶ制御構文を使えば「もしこの条件ならば処理を行う」という分岐や、「条件を満たすまで処理を繰り返す」という繰り返しを行うことができます。

極端なことをいってしまえば、プログラミングの大きな流れは、「順番に処理を行う」「条件で処理を分岐する」「繰り返し処理を行う」という3つしかありません。

分岐

「もしこの条件ならば処理を行う」という条件で異なる処理を行うことを「**分岐処理**」といいます。

分岐処理にはif文とswitch文という2つの文が用意されています。

繰り返し

この処理を指定した回数繰り返す、または指定した条件になるまで繰り返すという処理を「**繰り返し処理**(ループ)」といいます。繰り返し処理にはfor文、foreach文、while文という文が用意されています。

◎ if文で分岐する

if文のシンプルなコードを見てみましょう。ifのあとのかっこの中に条件を記述します（リスト5-1）。

▶ if文

書式 if (条件式)
{ }

概要 ifの隣りに()で挟む形で条件式を記述します。条件式には結果がtrueかfalseとなる式が利用できます。条件式がtrueの場合に{}の中の処理が実行されます。

リスト5-1 if文の例

```
bool flag = true;

// bool型の変数flagの値がtrueならif文の処理が実行される
if (flag == true)
{
    // コンソールに「実行」と出力する。
    // 変数flagがfalseならば以下の行は実行されない
    Console.WriteLine("実行");
}
```

真偽値

真偽値は真（true）または偽（false）の値をとります。C#ではbool型で表します。

条件式

式の中でも結果がtrueまたはfalseの真偽値になるものを条件式といいます。if文の分岐判定などに利用されます。

flag == trueは「変数flagの値がtrueかどうか」という「==」の左右を比較しています。==を等値演算子といい、左右の値が等しければbool型のtrueという値を返します。「CHAPTER 3　C#で簡単な計算をしよう」の演算子の説明でも触れた、計算以外の目的で使われる演算子です。

条件の結果がtrueならば次の行以降の波かっこ{}の処理が実行されます（図5-1）。

図5-1 リスト5-1のフロー図

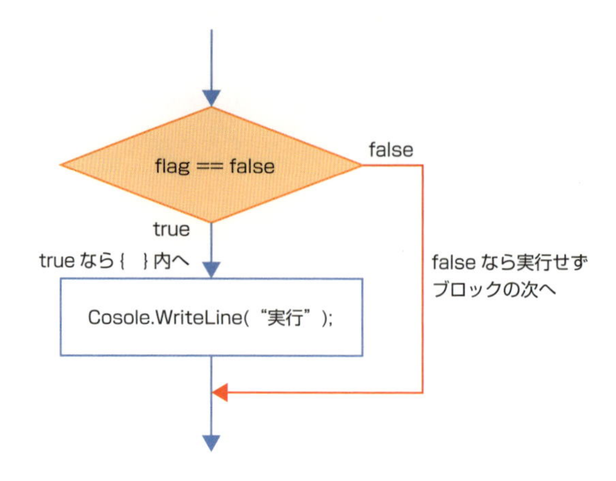

◉ if文と条件式

if文のかっこの中に記述する条件は、より正確にいうと条件「式」です。C#には文と式があると以前に書きましたが、その式の一種です。式は特徴として何かしらの値を返すという性質があります。if文のかっこの中に記述する式はbool型の値を返す必要があります。

bool型の値が真(true)の場合、if文の処理が実行され、偽(false)の場合は実行されません。以下は理解を深めるために、if文と条件式を分けて書いたものです。

●条件式とif文を分けた例

```
bool flag1 = true;

bool flag2 = (flag1 == true);

if (flag2)
{
    Console.WriteLine("実行");
}
```

変数flag1がtrueかどうかを(flag1 == true)という式で比較すると、flag1はtrueなのではtrueを返します。それを代入したflag2をif文の( )内に書いています。これでも前ページの例と同じように動作します。

このようにif文は条件式だけでなく、bool型の値そのものや、bool型の戻り値を返すメソッドなどを使うことができます。

POINT

条件式で使う演算子には、等しいことを判定する==の他にもいくつかの種類があります(P.96参照)。

条件式を満たさない場合(else)

if文の条件式を満たさない場合に何か処理を行いたい場合は**else**を使います。elseはif文の後に記述し、if文の条件式がfalseの場合に実行されます。

▶ if-else文

書式 if (条件式)
{ }
else
{ }

概要 else文の後に条件式を満たさなかった場合の処理を記述します。

リスト5-2 if-else文の例

```
bool flag = true;

if (flag == true)
{
    Console.WriteLine("if文の条件式を満たした場合");
}
else
{
    Console.WriteLine("if文の条件式を満たさない");
}
```

リスト5-2は、条件に応じて、異なる処理を実行するプログラムの例です。bool型の変数flagにtrueを代入し、if文の条件式 flag == trueで判定しています。flagはtrueが代入されているので、true == trueは正しいので、Console.WriteLine("if文の条件式を満たした場合")の行が実行されます。条件が成立しない場合はelse以降の処理が実行されます。

elseを使わずに、if文を2つ書いても同じ結果になります(リスト5-3)。

リスト5-3 if-else文の書き換え

```
bool flag = true;

if (flag == true)
{
    Console.WriteLine("if文の条件式を満たした場合");
}

if (flag == false)
{
    Console.WriteLine("上のif文の条件式を満たさない");
}
```

しかしこの書き方だと、比較する変数などを変えたい場合、2か所の条件式を変更しなければいけません。記述が簡潔ではないため、ifの条件式を満たさない場合の処理を書きたい場合はelseを用いるようにしましょう。

Aの場合、Bの場合（if-else if）

Aの場合は処理Aを、Bの場合は処理Bを行うというように、条件式を複数記述することもできます。if文のあとに「else if (条件式)」という形で別の条件式を加えることができます。

▶ if-else if文

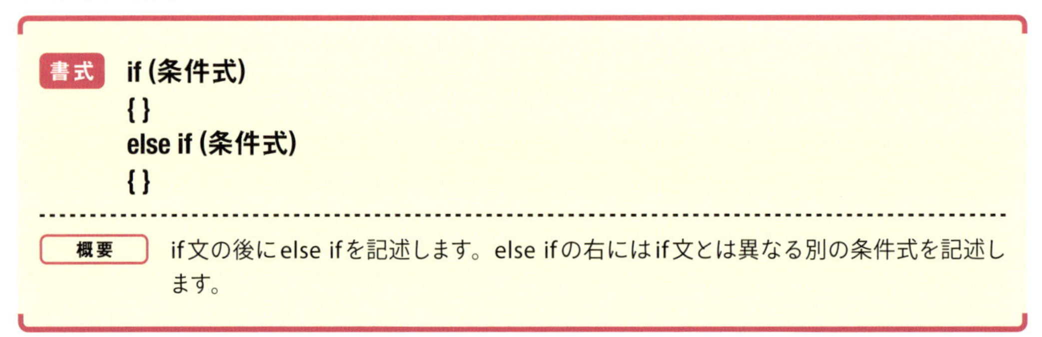

else ifはリスト5-4のように複数個記述することができます。分岐の流れを表したものが図5-2です。

if文の条件式 intValue == 1が成立しなかった場合の処理をelse if文として複数記述しています（リスト5-4）。それぞれ intValue == 2が成立する場合、intValue == 3が成立する場合、intValue == 4が成立する場合の処理を記述しています。

リスト5-4 複数個記述できるelse if文

```
if (intValue == 1)
{
    Console.WriteLine("intValueが1の場合に実行される処理");
}
else if (intValue == 2)
{
    Console.WriteLine("intValueが2の場合に実行される処理");
}
else if (intValue == 3)
{
    Console.WriteLine("intValueが3の場合に実行される処理");
}
else if (intValue == 4)
{
    Console.WriteLine("intValueが4の場合に実行される処理");
}
```

図5-2 else if文を連続させた場合の流れ

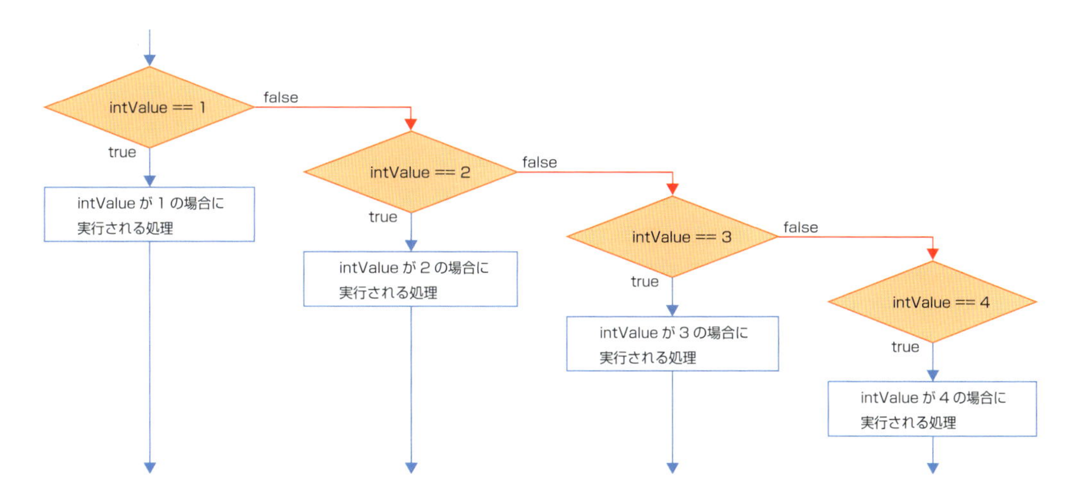

複数の条件式のどれも満たさない場合の処理は、最後のelse文に記述します（リスト5-5）。

リスト5-5 else文は最後に書く

```
if (intValue == 1)
{
    Console.WriteLine("intValueが1の場合に実行される処理");
```

```
}
else if (intValue == 2)
{
    Console.WriteLine("intValueが2の場合に実行される処理");
}
else if (intValue == 3)
{
    Console.WriteLine("intValueが3の場合に実行される処理");
}
else if (intValue == 4)
{
    Console.WriteLine("intValueが4の場合に実行される処理");
}
// 上記の条件式すべてに当てはまらない場合
else
{
    Console.WriteLine("intValueが上記条件式以外の場合に実行される処理");
}
```


◎ switch文で分岐する

特定の変数と値が等しいかどうかという比較を複数繰り返す場合は、**switch文**を利用したほうが記述が簡潔になります。switch文はswitchのあとのかっこに比較する対象の変数などを記述し、{ }内のcaseの後に比較する値を書きます。case行の最後は;ではなく:である点に注意してください。

▶ switch文

書式

```
switch (変数)
{
    case 値:
        break;
}
```

概要 switch文はswitchの隣りに比較対象となる値を記述します。caseの右に比較する値を記述します。両社が等しい場合、case以下に記述された処理が実行されbreak;(P.107参照)で終了します。

以下はswitch文の例です。変数intValueが1の場合にコンソールに「intValueは1です」と出力します(リスト5-6)。

リスト5-6 シンプルなswitch文

```
int intValue = 1;

switch (intValue)
{
    // intValueが1の場合
    case 1:
        // intValueが1の場合に実行される処理
        Console.WriteLine("intValueは1です");

        // caseの最後には必ずbreak;と記述する
        break;
}
```

しかし、これだけだとif文を用いたほうが記述が簡潔になります（リスト5-7）。

リスト5-7 if文で書いた場合

```
int intValue = 1;

if (intValue == 1)
{
    // intValueが1の場合に実行される処理
    Console.WriteLine("intValueは1です");
}
```

switch文の真価が現れるのは、比較する値が複数存在する場合です（リスト5-8）。

リスト5-8 複数記述できるcase

```
int intValue = 1;

switch (intValue)
{
    case 1:
        // intValueが1の場合に実行される処理
        Console.WriteLine("intValueは1です");
        break;

    case 2:
        // intValueが2の場合に実行される処理
        Console.WriteLine("intValueは2です");
        break;
```

```
    case 3:
        // intValueが3の場合に実行される処理
        Console.WriteLine("intValueは3です");
        break;
}
```

これでもif文と行数的にはあまり変わらないと思われるかもしれませんが、switch文には「比較対象の変数が1つであること」「比較の方法が変数とcaseの値が等しいかどうかのみ」という限定があるため、分岐が予測しやすくなっています。

POINT

switch文で書けることはif文でも書けますが、switch文のほうが条件式が限定されるので読みやすくなります。ただ、プログラミングに慣れないうちは、if文だけを先に覚えたほうが、覚えることが少なくて済むかもしれません。

caseに当てはまらない場合（default）

switchでも、ifのelseと同様に、**default文**を使うと、どの条件式にも当てはまらない場合の処理を書くことができます。default行の最後はcaseと同じく:です。

defaultを利用したswitch文

書式

```
switch(変数)
{
  case 値:
    break;
  default:
    break;
}
```

概要 caseの後に、defaultを記述します。

リスト5-9は、変数intValueに「4」を代入し、switch文の条件として比較しています。変数intValueは「4」なので、case 1からcase 3までのどれにもあてはまりません。default文が実行されて「intValueは1、2、3以外です」と表示されます。

リスト5-9 defaultの利用例

```
int intValue = 4;

switch (intValue)
{
    case 1:
        Console.WriteLine("intValueは1です");
        break;

    case 2:
        Console.WriteLine("intValueは2です");
        break;

    case 3:
        Console.WriteLine("intValueは3です");
        break;

    // caseに当てはまらない場合
    default:
        Console.WriteLine("intValueは1,2,3以外です");
        break;
}
```


COLUMN C#のswitch文はフォールスルーしない

switch文は他の多くの言語にもありますが、C#のswitch文では、各caseの最後の「break;」を省略すると構文エラーになります。そのため、後続するcaseに進んでしまうフォールスルーが発生しません。これは、break;の書き忘れによる意図しないフォールスルーの発生を防ぐための仕様です。

```
int intValue = 1;

// フォールスルーが許される言語では「123」と出力されるが、C#だと構文エラーになる
switch (intValue)
{
    case 1:
        Console.WriteLine("1");
    case 2:
        Console.WriteLine("2");
    case 3:
        Console.WriteLine("3");
        break;
}
```

◎ 条件式で使う主な演算子を確認する

これまで分岐処理の条件式部分には等値演算子（==）のみを利用してきました。
それ以外の条件式に利用できる主な演算子を紹介します。

非等値演算子（!=）

これまで利用してきた左右の値が等しいかどうかを判定する==と異なり、左右の値が異なっていればtrueとなる!=があります。!=を非等値演算子と呼びます。以下の例では、変数flagにはfalseが代入されているので、右の値のtrueと異なっています。条件が異なっている場合は真となるので、{}内の処理が実行されます（リスト5-10）。

リスト5-10 非等値演算子（!=）

```
bool flag = false;

// flagがtrueではないかどうか
if (flag != true)
{
    Console.WriteLine("flagがtrueではない");
}
```

関係演算子（<、>、<=、>=）

関係演算子は左右の値の大小を比較します。
「<」が左の値が右の値より小さいかどうか、「>」が左の値が右の値より大きいかどうかを条件とします。「=」が付く場合は左右の値が同じ場合も含む、「以上」「以下」という条件になります。
以下の例では、変数intValueの値は5なので、「5 > 3」となり、条件が成り立つので、{}内の処理が実行されます（リスト5-11）。

リスト5-11 関係演算子（>）

```
int intValue = 5;

if (intValue > 3)
{
    // 以下の行は出力される
    Console.WriteLine("intValueは3より大きい");
}
```

条件演算子（&&、||）

条件演算子は少し複雑な演算子です。

これまで紹介してきた演算子による条件式を左右に記載できるので、「左右の条件式が両方とも満たす場合（&&）」と「左右の条件式のどちらかを満たす場合（||）」という使い方ができます。

&&は左右の条件式が成立する場合にif文の中の処理を実行します。下の例は、intValue1が3かつintValue2が4かどうか、という判定を行います（リスト5-12）。両方がtrueでなければ実行されません。

リスト5-12 条件演算子（&&）

```
int intValue1 = 3;
int intValue2 = 4;

if (intValue1 == 3 && intValue2 == 4)
{
    Console.WriteLine("intValue1は3、intValue2は4である");
}
```

||は左右の条件式のどちらか一方でも成立する場合（両方とも成立する場合も含む）にif文の中の処理を実行します。以下の例は、intValue1が3またはintValue2が6かどうか、という判定を行います。intValue2は6ではないが、intValue1が3なので実行されます（リスト5-13）。

リスト5-13 条件演算子（||）

```
int Value1 = 3;
int Value2 = 4;

if (intValue1 == 3 || intValue2 == 6)
{
    Console.WriteLine("intValue1は3、もしくはintValue2は6である");
}
```

SECTION 02

条件分岐を実践しよう

条件分岐の演習として、サンプルコードを入力して試してみましょう。誕生月の月数を受け取り、疑似的に運勢を返す占いアプリケーションを作成してみます。
ここまで説明したことを理解を確認するためにも、ぜひ実際にコードを入力して実行してみてください。

◎ 入力を受け取る

Console.ReadLineはユーザーからの入力を受け付けるメソッドです。これを実行すると Enter キーを押すまで待機状態になるので、これまではコンソールアプリケーションが自動的に終了するのを止めるために利用していました。今回は本来の目的で利用します。

Console.ReadLineはstring型の値を返します。この値は、コンソールアプリケーションで利用者が入力した値です。まずは以下のようにコードを記述してデバッグしてみましょう（リスト5-14）。

リスト5-14 入力値を受け取る方法（Program.cs）

```
013: Console.WriteLine("文字を入力してEnterキーを押してください。");
014:
015: string inputString = Console.ReadLine();
016:
017: Console.WriteLine("受け取った文字は" + inputString + "です");
018:
019: Console.ReadLine();
```

アプリケーションをデバッグ実行すると「文字を入力してEnterキーを押してください。」と表示されます（図5-3）。

プログラムはConsole.ReadLineメソッドで停止し、入力を待ちます。

Console.ReadLineはこれまで、アプリケーションが終了しないようにプログラムの最後に記述していましたが、本来はユーザーの入力を一行受け取るために利用します。

このコードでは、入力された文字列をinputStringという変数に代入しています。

図5-3 入力待ちの状態

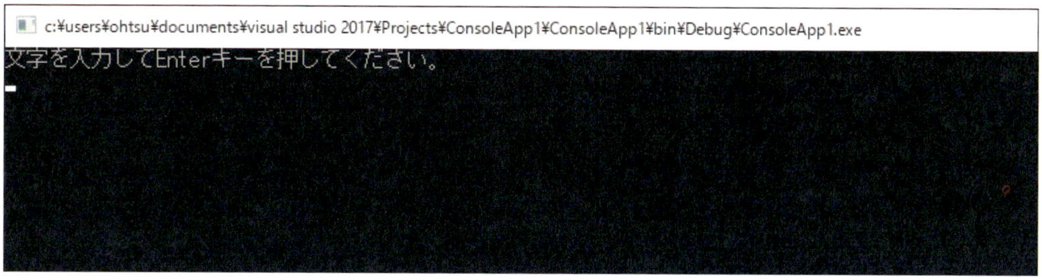

```
c:¥users¥ohtsu¥documents¥visual studio 2017¥Projects¥ConsoleApp1¥ConsoleApp1¥bin¥Debug¥ConsoleApp1.exe
文字を入力してEnterキーを押してください。
_
```

この状態で文字（ここでは「サンプルテキスト」）を入力して Enter キーを押すと、Console.ReadLineメソッドは戻り値を返して終了します。それをConsole.WriteLineメソッドで表示します（図5-4）。

図5-4 受け取った文字の表示

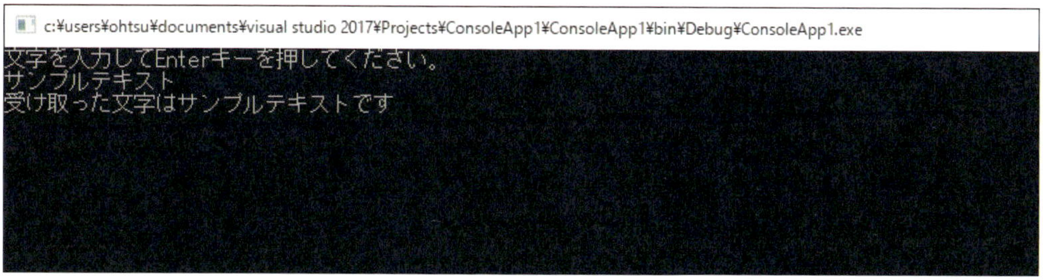

```
c:¥users¥ohtsu¥documents¥visual studio 2017¥Projects¥ConsoleApp1¥ConsoleApp1¥bin¥Debug¥ConsoleApp1.exe
文字を入力してEnterキーを押してください。
サンプルテキスト
受け取った文字はサンプルテキストです
```

◎ 入力文字を判定して結果を返す

条件分岐のswitch文を使って、入力した文字によって結果の出力を変更するようにしてみましょう（リスト5-15）。今回は1から12の数字を入力すると、運勢が表示されるようにします。

リスト5-15 入力値を受け取る方法（Program.cs）

```
013:  Console.WriteLine("あなたの誕生月を1から12の数字で入力してください。");
014:
015:  string inputString = Console.ReadLine();
016:
017:  // 文字が1から12のどれかなら運勢を表示する
018:  switch(inputString)
019:  {
```

```
020:        case "1":
021:        case "2":
022:        case "3":
023:        case "4":
024:            Console.WriteLine("今日の運勢は大吉です");
025:            break;
026:        case "5":
027:        case "6":
028:        case "7":
029:        case "8":
030:            Console.WriteLine("今日の運勢は中吉です");
031:            break;
032:        case "9":
033:        case "10":
034:        case "11":
035:        case "12":
036:            Console.WriteLine("今日の運勢は小吉です");
037:            break;
038:        default:
039:            // 当てはまらない場合は正しい値を入力してもらえるように表示する
040:            Console.WriteLine("1から12の半角数字で入力してください。");
041:            break;
042:
043:    }
044:    Console.ReadLine();
```

数字として入力しても、Console.ReadLineメソッドが返すのはstring型の文字列です。switch文で比較する値も文字列にしなければいけません。

switch文では値を比較して入力した値が1から4の場合に「今日の運勢は大吉です」と出力します（図5-5）。同様5から8の場合と9から12の場合の判定を行い、出力を行います。

どの条件にも当てはまらない場合にdefault以下が実行されます。

図5-5 疑似占いアプリケーション

```
C:¥Users¥macni¥Documents¥Visual Studio 2017¥Projects¥ConsoleApp2¥ConsoleApp2¥bin¥Debug¥ConsoleApp2.exe
あなたの誕生月を1から12の数字で入力してください。
3
今日の運勢は大吉です
```

SECTION 03

1つの処理を繰り返そう

繰り返し処理の用途には、複数回同じ処理を繰り返す以外にも、条件を満たすまで処理を続ける、配列などのデータの集まりから値を取り出して処理するなどがあります。C#には繰り返し処理のためにforeach、for、whileなどの文が用意されており、それぞれに向いている用途があるので、うまく使い分けましょう。

◎ foreach文で繰り返す

foreach文は配列（P.54参照）のようなデータの集まりから1つずつデータを取り出して処理を行うことができます。

▶ foreach文

書式 foreach(型 変数 in 配列)
{}

概要 foreachの右隣の()の左側に配列の値を受け取る変数の型と変数名を記述します。inを挟んで右側に1つ値を取り出す配列を記述します。

リスト5-16 foreach文の例

```
// 配列を用意する
int[] intArray = { 1, 2, 3 };

// 配列intArrayから1つずつ値を取り出し、変数intValueに代入する
foreach(int intValue in intArray)
{
    // コンソールに「123」を出力する
    Console.WriteLine(intValue);
}
```

リスト5-16は、配列intArrayを1、2、3の値で初期化し、foreach文で配列の要素を1つずつ取り出して、表示するプログラムです。

繰り返し処理は、データの集まりを取り出して処理するために使うことが非常に多いです。foreach文はよりシンプルにデータの集まりを処理できる手段です。このあと紹介するfor文でも同様のことができますが、for文は要素が多く間違いも起こりやすいので、foreachで書ける場合はforeachを使うほうがよいでしょう。

◎ for文で繰り返す

for文は繰り返し処理を行う代表的な文です。プログラミング言語によってはforeachに相当する文がないこともありますが、for文はたいていの言語が備えています。

▶ for文

書式 **for (初期化子;条件式;反復式)**
{ }

概要 ifの右に()で囲み、初期化子、条件式、反復式を記述します。
初期化子は繰り返し処理が行う最初に一度実行される処理を記述します。条件式には繰り返し処理を実行するための条件式を記述します。反復式には繰り返し処理が行われるごとに実行される処理を記述します。

まずは、for文のサンプルコードを紹介します(リスト5-17)。

リスト5-17 for文の例

```
// 処理を5回繰り返すfor文のサンプル
for (int i = 1; i <= 5; i++)
{
    // コンソールには「12345」と出力される
    Console.WriteLine(i);
}
```

for文のかっこにはセミコロン(;)で区切られた3つの要素があります。左から順に、最初に初期化処理を行う「**初期化子**」、続いて繰り返しを続ける条件を判定する「**条件式**」、処理が行われるたびに行う「**反復式**」です。

上記のサンプルを順に説明すると、

❶ int iを1に初期化(初期化子)
❷ iが5以下になるまで処理を続ける(条件式)
❸ 処理ごとにiの値を1つ増やす(反復式)
❹ ❷に戻る

という流れになります。最初に1を代入した変数iが処理を行うごとに1ずつ増加され、6まで増加した際に、繰り返し処理の条件式を満たさなくなるため処理が終了します(図5-6)。

図5-6 for文の流れ

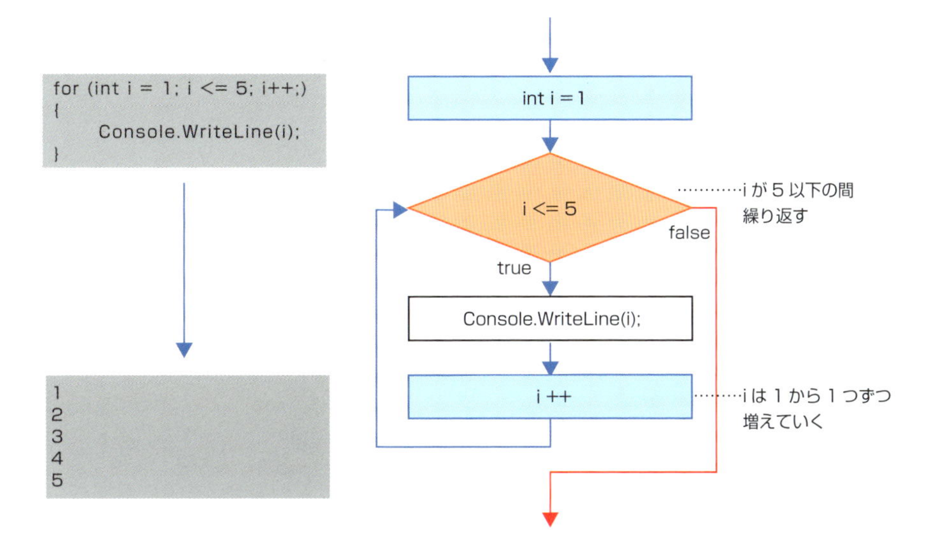

i++(インクリメント)

for文の反復式の部分で「++」という演算子を使っています。「++」は変数の値を1つ増やすという演算子で「i = i + 1」とほぼ同じ結果を得られます。C#に限らず、プログラミング言語には、非常によく使う処理に対しては簡単に実現できる書き方が用意されているのです。その逆で1つ減らす「--」もあり、1つ増やす「++」をインクリメント、「--」をデクリメントといいます。

COLUMN インクリメントの前置と後置

インクリメントの説明で「i = i + 1」と「ほぼ」同じ結果と書きました。これはインクリメント、デクリメントの書き方には、「++i」と書く前置と「i++」と記号をあとに書く後置があり、動作が異なるためです。
ひとまず今は頭の片隅に置く程度でかまわないので、以下のコードの動作を覚えておいてください。

```
int i = 3;

// コンソールに4が出力される
Console.WriteLine(++i);
// コンソールには4が出力される
// 後置のインクリメントは値を返したあとに1加算される
Console.WriteLine(i++);

// コンソールには5が出力される
Console.WriteLine(i);
```


for文で配列を操作する方法

for文を用いて配列の値を取り出す場合、以下のようなコードになります（リスト5-18）。

リスト5-18 for文で配列を操作する方法

```
int[] intArray = { 1, 2, 3 };

// intArray.Lengthで配列の要素の数を取得する(このコードの場合は3)
for (int i = 0; i < intArray.Length; i++)
{
    // 添え字に変数iを指定することで0番目から数えてi番目の配列を取得できる
    Console.WriteLine(intArray[i]);
}
```

配列に値が何個あるかはLengthフィールドから取得することができます。配列のLengthフィールドから配列が持っている値の数を取得して、その回数分繰り返し処理を実行します。

配列のi番目の値はintArray[i]のように添え字に変数を指定する形で取り出すことができます。配列の添え字は0から始まることを思い出してください。そのため、forの初期化子では「i = 0」とiを0で初期化しています。

前述のforeachと比べて、条件式と情報量が多いことに気が付かれたと思います。プログラミングにおいて同じ処理を記述する場合、情報量が少ないほうが間違いが少なくなります。

配列の値をすべて取り出すというような場合はforeachを使うほうがよいでしょう。

◎ while文で繰り返す

while文は条件式が満たされている間、処理を繰り返します。

▶ while文

書式 **while(条件式)**
{ }

概要 whileの右の()内に繰り返し処理を続ける条件式を記述します。

リスト5-19 while文の例

```
int i = 1;

// iが5より大きくなるまで処理を繰り返す
while (i <= 5)
{
    Console.WriteLine(i);

    // 毎回iを加算する
    i++;
}
```

リスト5-19は、iが5以下になるまで処理が実行されます。

処理の中でiが1つずづ加算され、1,2,3,4,5が出力されiが6になった時点で繰り返し処理が終了します。

何回繰り返すか明確な場合はfor文を、回数は不明だが、繰り返しを終了する条件が存在する場合はwhile文を用いるとよいでしょう。

◎ do-while文で繰り返す

do-while文はwhile文に似ていますが、{}の中の処理が先に実行されたあとに式の評価が行われる点が異なります。

do-while

書式 **do{ }**
while(条件式)

概要 do-whileではdo以降の{}の部分に実行する処理を記述します。そのあとにwhileと繰り返しのための条件式を記述します。

以下のコードは先ほどのwhile文の例と同じ結果になります。つまり1～5の数値を表示します(リスト5-20)。

リスト5-20 do-while文の例

```
int i = 1;
do
{
    Console.WriteLine(i);

    i++;
}
while (i <= 5);
```

これだけを見ると違いがわかりにくいかもしれません。以下のdo-while文とwhile文のコードを比べてみてください。do-while文の場合は1を出力します(リスト5-21)。

リスト5-21 do-while文の例2

```
int i = 1;
do
{
    Console.WriteLine(i);

    i++;
}
while (i < 1);
```

しかし、一見ほとんど同じに見えるwhile文のコードは何も出力しません(リスト5-22)。

リスト5-22 while文の例2

```
int i = 1;

while (i < 1)
{
    Console.WriteLine(i);

    i++;
}
```

do-while文は「i < 1」という評価の前に必ず一度{}の中のコードを実行するので「1」が出力されますが、while文では条件式で偽となるので、ブロックの中の処理が実行されません。

このように評価の結果にかかわらず、必ず一度処理を実行したい場合にdo-whileは有効です。

◎ break文で繰り返しを終了する

繰り返し処理の用途の1つに「何かしらの条件を満たす値を探す」というものがあります。このような用途では、条件を満たす値を見つけた場合、それ以降は繰り返す必要がありません。

そのような場合にはbreakを利用して、繰り返し処理を終了します。

リスト5-23 break文の例

```
int i = 0;

// iが5より大きくなるまで処理を繰り返す
while (i <= 5)
{
    i++;

    // iを2で割った余りが0(=iが偶数なら)ならbreakでループ処理を抜ける
    if (i % 2 == 0)
    {
        break;
    }
    Console.WriteLine(i);
}
```

リスト5-23は、変数iの値が5以下の場合は、処理を繰り返すプログラムです。if文の条件式のi % 2 == 0が成立した場合はbreak文が実行されて処理が終了します。

上記コードは画面に1を出力してiが2になったときにbreakによってループを終了しています。

◎ continue文で繰り返しをスキップする

breakは繰り返し処理を抜けましたが、continueでは、その回の処理を行わず、次の回に移ります。

リスト5-24 continue文の例

```
int i = 0;
// iが5より大きくなるまで処理を繰り返す
while (i <= 5)
{
    i++;
    // iを2で割った余りが0(=iが偶数なら)ならcontinueで処理をスキップする
    if (i % 2 == 0)
    {
        continue;
    }
    // 1,3,5が出力される
    Console.WriteLine(i);
}
```

リスト5-24は、変数 iの値が5以下の場合は、処理を繰り返すプログラムです。if文の条件式 i % 2 == 0が成立した場合は、continue文によって、その回の処理が実行されないのでConsole.WriteLineメソッドによって出力されません。2で割った場合、余りが0になるのは、2と4の場合なので、結果として1、3、5が出力されます。

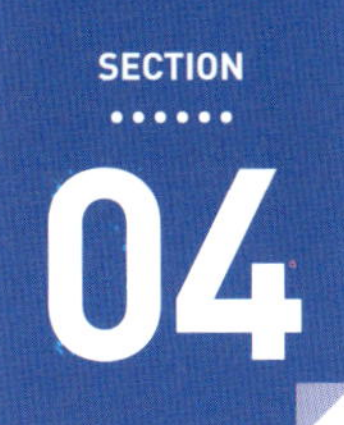

繰り返し処理を実践しよう

繰り返し処理もアプリケーションを作成してみましょう。条件分岐のセクションで作成した疑似占いアプリケーションは、意図しない文字列が入力された場合に「1から12の半角数字で入力してください。」と注意文を表示しましたが、そのままアプリケーションが終了してしまいます。これを「意図した文字列が入力されるまで入力受け付けを繰り返す」ように変更します。

◎ フラグを用意する

「正しい文字が入力された」ことを判定するための「フラグ」を用意します。
フラグは多くの場合bool型の変数で、trueかfalseのどちらかの値を持ちます。

リスト5-25 フラグの用意

```
013: // 正しい入力が行われたかを判定するフラグ
014: bool trueInputFlag = false;
```

リスト5-25は、正しい入力が行われたか判定するフラグとしてbool型の変数trueInputFlagをfalseで初期化しています（リスト5-25）。
今回は「正しい入力が行われるまで」という回数がわからない繰り返しなのでwhile文を利用します。その条件式に先ほど用意したフラグを使います（リスト5-26）。

リスト5-26 フラグを用いた繰り返し処理

```
013: // 正しい入力が行われたかを判定するフラグ
014: bool trueInputFlag = false;
015:
016: // trueInputFlagがfalse(正しい文字列が入力されていない)間は処理を続ける
017: while(trueInputFlag == false)
018: {
019:     // 繰り返す処理を記述する
```

```
020:     // この処理で条件が満たされた場合に
021:     // trueInputFlagをtrueにする
022: }
```

疑似占いコードをwhile文の中に記述します（リスト5-27）。

リスト5-27 疑似占いのコードの記述

```
013: // 正しい入力が行われたかを判定するフラグ
014: bool trueInputFlag = false;
015:
016: // trueInputFlagがfalse(正しい文字列が入力されていない)間は処理を続ける
017: while (trueInputFlag == false)
018: {
019:     Console.WriteLine("あなたの誕生月を1から12の数字で入力してください。");
020:
021:     string inputString = Console.ReadLine();
022:
023:     // 文字が1から12のどれかなら運勢を表示する
024:     switch (inputString)
025:     {
026:         case "1":
027:         case "2":
028:         case "3":
029:         case "4":
030:             Console.WriteLine("今日の運勢は大吉です");
031:             trueInputFlag = true;
032:
033:             break;
034:         case "5":
035:         case "6":
036:         case "7":
037:         case "8":
038:             Console.WriteLine("今日の運勢は中吉です");
039:             trueInputFlag = true;
040:
041:             break;
042:         case "9":
043:         case "10":
044:         case "11":
045:         case "12":
046:             Console.WriteLine("今日の運勢は小吉です");
047:             trueInputFlag = true;
048:
049:             break;
```

```
050:             default:
051:                 // 当てはまらない場合は正しい値を入力してもらえるように表示する
052:                 Console.WriteLine("1から12の半角数字で入力してください。");
053:
054:                 break;
055:         }
056:
057:     }
058:     Console.ReadLine();
```


コードの24行目から55行目は5-2「条件分岐を実践してみよう」のswitch文とほぼ同様ですが、「trueInputFlag = true;」の部分が異なります。

変数trueInputFlagはユーザーの入力が1から12のどれかの場合にtrueになります。

trueInputFlagがtrueになった時点で、while文の「trueInputFlag == false」の比較の結果がfalseになりwhile文が終了します。

◎ プログラムを実行する

プログラムをデバッグ実行すると、入力文字が1から12の数字でない場合に、再度入力を求めるように修正されていることが確認できます（図5-7）。

図5-7 繰り返しを組み込んだ疑似占いアプリケーション

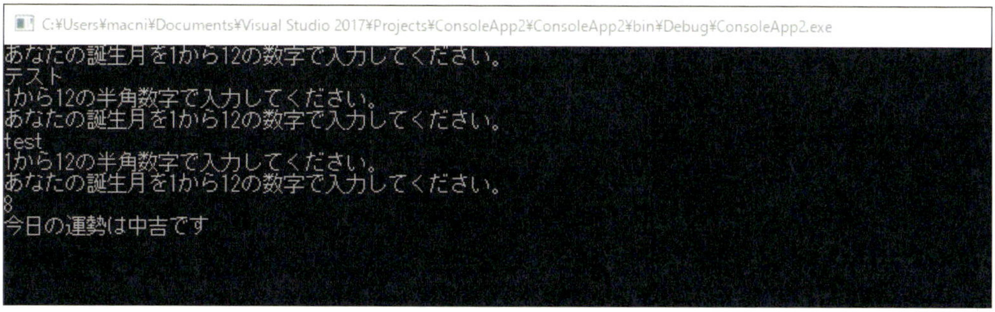

```
C:¥Users¥macni¥Documents¥Visual Studio 2017¥Projects¥ConsoleApp2¥ConsoleApp2¥bin¥Debug¥ConsoleApp2.exe
あなたの誕生月を1から12の数字で入力してください。
テスト
1から12の半角数字で入力してください。
あなたの誕生月を1から12の数字で入力してください。
test
1から12の半角数字で入力してください。
あなたの誕生月を1から12の数字で入力してください。
8
今日の運勢は中吉です
```

この章ではプログラミングで大切な分岐処理と繰り返し処理について学びました。

プログラミングの基本的な流れは順番に上から実行していくことですが、分岐処理や繰り返し処理を行うことで異なる処理を行わせることができます。

COLUMN 演算子の優先順位

CHAPTER 3で演算子には優先順位があり、足し算(+)より掛け算(*)が優先されると説明しました。ここでは、それ以外の優先順位についても紹介します。
本書で紹介していない演算子もありますが、すべて覚えようとせずに、必要に応じて確認するようにするとよいでしょう。
以下の表では、優先順位の高いものから順番に並べています。

表5-1 演算子の優先順位

分類	演算子
基本式	x.y f(x) a[x] x++ x-- new typeof checked unchecked
単項式	+ - ! ~ ++x --x (T)x
乗法式	* / %
加法式	+ -
シフト	<< >>
関係式と型検査	< > <= >= is as
等値式	== !=
論理 AND	&
論理 XOR	^
論理 OR	|
条件 AND	&&
条件 OR	||
条件	?:
代入	= *= /= %= += -= <<= >>= &= ^= |=

- 参考：演算子の優先順位と結合規則
  https://msdn.microsoft.com/ja-jp/library/aa691323(v=vs.71).aspx

CHAPTER

6

時計アプリケーションを作ろう

SECTION 01

フォームアプリケーション用のプロジェクトを作ろう

この章以降は、これまでのコンソールアプリケーションではなく、ウィンドウタイプのWindowsフォームアプリケーションを作成します。テキストだけのコンソールアプリケーションとは異なり、画像なども利用できるためアプリケーションで実現できることの幅が広がります。今回はシンプルな時計アプリケーションを作成して、ウィンドウ作成の基本とタイマー処理について学びます。

◎ 作成するアプリケーションの概要

時計アプリケーションの作成

今回は現在の時間を表示する時計アプリケーションを作成します（図6-1）。時計アプリケーションには、定期的に処理を実行する「タイマー処理」と表示されている時間を変更するために「画面を書き換える処理」というアプリケーションの基本的な機能が含まれます。

図6-1 完成イメージ

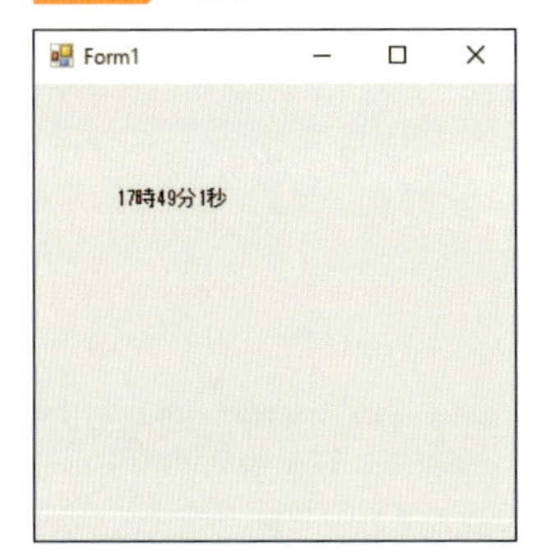

Windowsフォームアプリケーション

Windowsでデスクトップアプリケーションを作成するための方法は複数あります。その中の1つが

Windowsフォームアプリケーションです。それ以外にもXAMLと呼ばれる描画の仕組みを導入したWPFや、タッチ操作への対応とアプリケーションを配布するストアから配信する仕組みを備えたUWPなどがあります。

Windowsフォームアプリケーションは上記の中では一番古いプラットフォームですが、その分実績があり、情報の蓄積も多いです。

◎ プロジェクトを作成する

これまでは「コンソールアプリケーション」のプロジェクトを作成していましたが、今回は「Windowsフォームアプリケーション」を作成します。

❶ Visual Studioの起動

Visual Studioの起動は「コンソールアプリケーション」と同様のため、説明は割愛します。Visual Studioの起動については「CHAPTER 2　プログラミングの基本をマスターしよう」を参照してください。

❷ プロジェクトの新規作成

Visual Studioの上部メニューバーの＜ファイル＞→＜新規作成＞→＜プロジェクト＞の順にクリックして選択します（図6-2）。

図6-2 メニューからプロジェクトを作成する方法

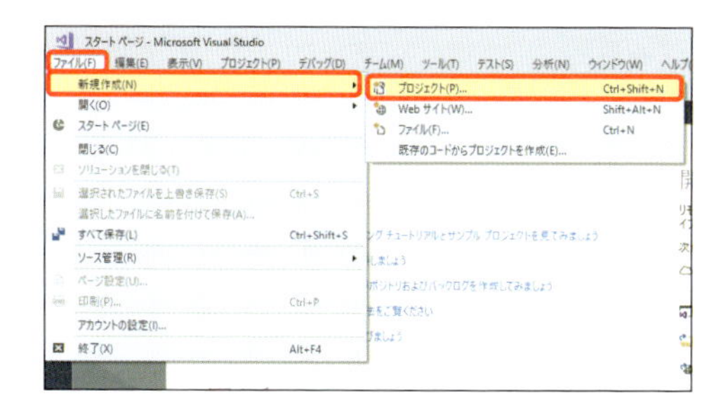

❸ プロジェクトのテンプレートからWindowsフォームアプリケーションを選択

＜新しいプロジェクト＞ダイアログボックスが表示されます。左側のナビゲーションでプロジェクトの種類を選びます。＜インストール済み＞→＜テンプレート＞→＜Visual C#＞とクリックして展開していき、中央の一覧から＜Windowsフォームアプリケーション（.NET Framework）＞をクリックします（図6-3）。

図6-3 プロジェクトの種類の選択

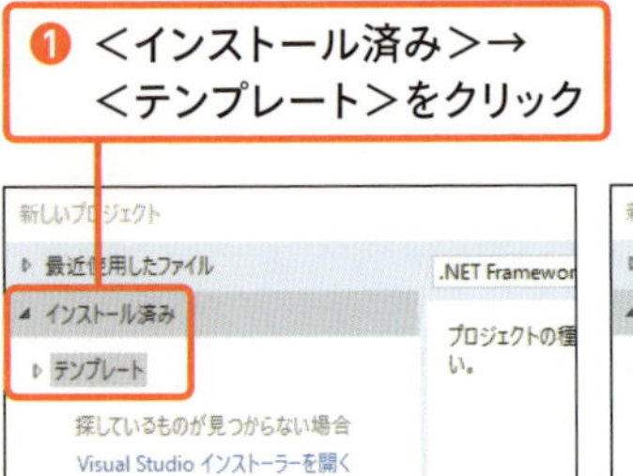

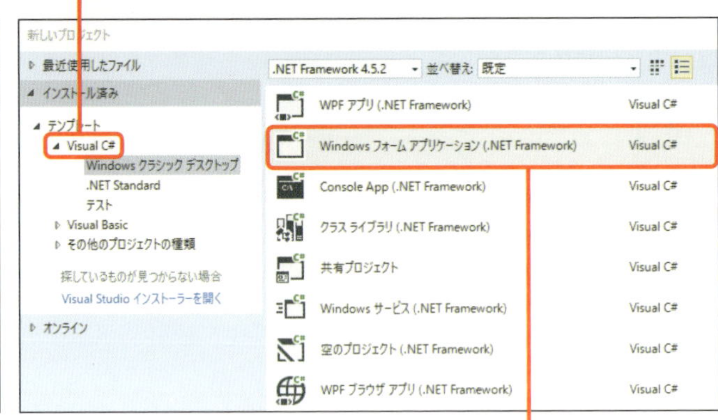

❹プロジェクト名を入力する

<名前>にプロジェクト名を入力して、<OK>をクリックします。プロジェクト名は自由に決めてかまいませんが、本書では「timer」というプロジェクト名で進めます(図6-4)。

図6-4 プロジェクト名の入力

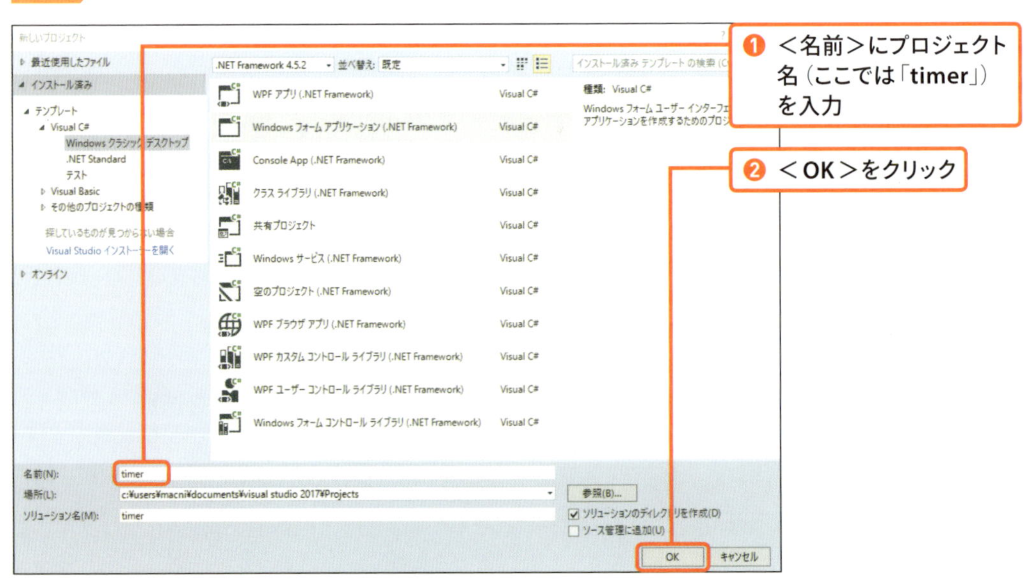

◎ フォームアプリケーション用の画面構成を確認する

Windowsフォームアプリケーションを開いた際のVisual Studioの画面構成は、これまで作成していたコンソールアプリケーションとは一部が異なっています。

ツールボックス

コンソールアプリケーションでは何も表示されていなかったツールボックスですが、Windowsフォームアプリケーションではさまざまなコントロールが表示されています（図6-5）。コントロールとはボタンや文字や画像を表示するためのパーツのことです。

Windowsフォームアプリケーションではツールボックスからコントロールをデザイナー画面に追加していくことで、アプリケーションの画面を作成します。

初期状態のツールボックスは、Visual Studioの画面左に折りたたまれており、名前をクリックしたときだけ展開されます。展開後のツールボックスウィンドウ右上の押しピンのアイコンをクリックすると、展開状態で固定されます。

図6-5 ツールボックス

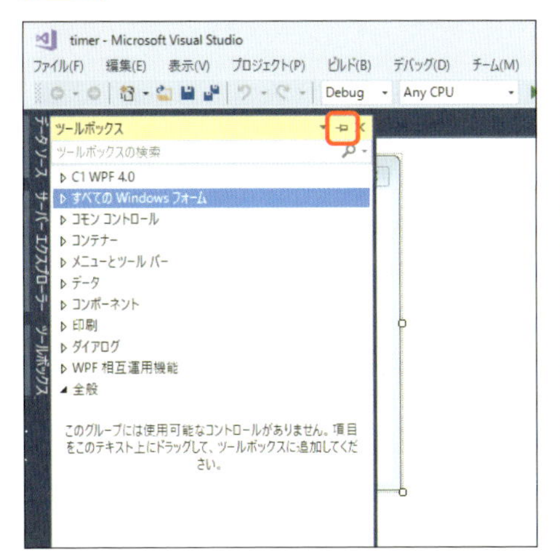

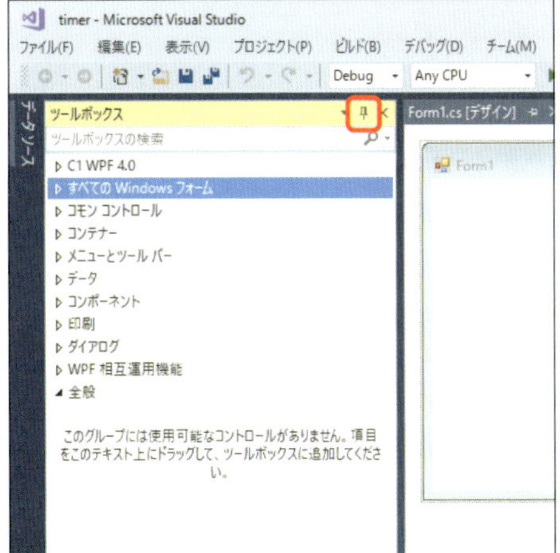

POINT

ツールボックスが表示されていない場合は、Visual Studioの上部メニューバーの<表示>→<ツールボックス>の順にクリックすると、ツールボックスが表示されます。

デザイナー

Visual Studioの中央に表示されているアプリケーションの外観が表示されているウィンドウがデザイナーです（図6-6）。デザイナー画面を見ながら、アプリケーションの見た目を編集していきます。

図6-6 デザイナー

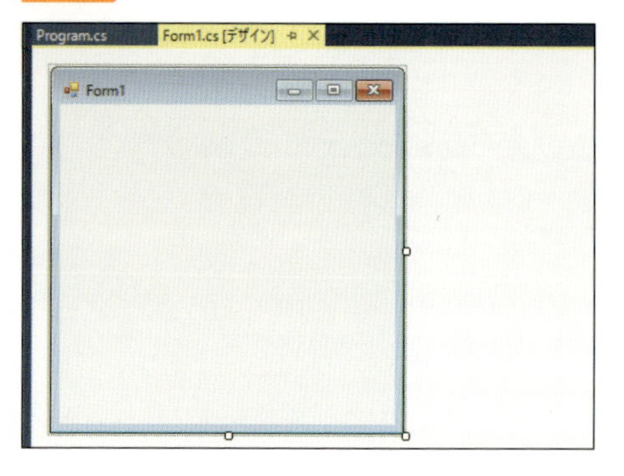

コードエディタ

初期状態では画面を定義するファイル（Forms1.csなど）が開かれているため、デザイナーが表示されていますが、アプリケーションの動作をプログラミングするためのファイル（Program.csなど）が開かれている場合は、コードエディタが表示されます（図6-7）。

図6-7 コードエディタ

```
Program.cs  Form1.cs [デザイン]
timer                                   timer.Program
 1  using System;
 2  using System.Collections.Generic;
 3  using System.Linq;
 4  using System.Threading.Tasks;
 5  using System.Windows.Forms;
 6
 7  namespace timer
 8  {
 9      static class Program
10      {
11          /// <summary>
12          /// アプリケーションのメイン エントリ ポイントです。
13          /// </summary>
14          [STAThread]
15          static void Main()
16          {
17              Application.EnableVisualStyles();
18              Application.SetCompatibleTextRenderingDefault(false);
19              Application.Run(new Form1());
20          }
21      }
22  }
```

POINT

コードエディタを開いた状態では、ツールボックスにコントロールが表示されず、後述するプロパティも表示されません。これらはデザイナーを開いた状態のときだけ有効になります。

◎ プロジェクトの初期構成を確認する

作成したtimerプロジェクトのファイル構成を見てみましょう。ソリューションエクスプローラーに複数のファイルが表示されています。その中から主なファイルを紹介します（図6-8）。

図6-8 ソリューションエクスプローラー

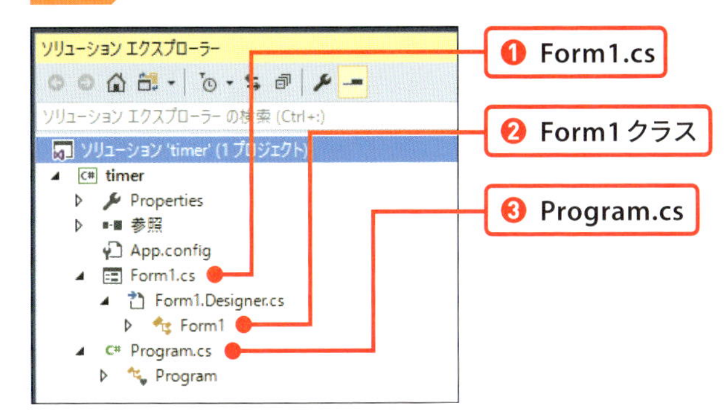

❶ Form1.cs

アプリケーションの画面に相当するファイルです。Form1.csをダブルクリックすると先ほど説明した「デザイナー画面」が表示されます。ボタンなどのパーツをデザイナー画面で配置・編集することができます。

❷ Form1 クラス

デザイナー画面を右クリックして<コードの表示>を選択するか、ソリューションエクスプローラーでForm1.csと表示されている部分を右クリックし<コードの表示>をクリックすると、Form1.csのコード部分が表示されます。以下のようにForm1クラスの定義が書かれています（リスト6-1）。

リスト6-1 初期状態のForm1.cs（Form1.cs）

```
001: using System;
002: using System.Collections.Generic;
003: using System.ComponentModel;
004: using System.Data;
005: using System.Drawing;
006: using System.Linq;
007: using System.Text;
008: using System.Threading.Tasks;
009: using System.Windows.Forms;
010:
```

```
011: namespace timer
012: {
013:     public partial class Form1 : Form
014:     {
015:         public Form1()
016:         {
017:             InitializeComponent();
018:         }
019:     }
020: }
```

これがプログラムを記述するファイルです。Windowsフォームアプリケーションでは1つの画面に対して、画面を編集する「デザイナー画面」と、プログラムを記述する「コードエディタ画面」が切り分けられています。

コードエディタ画面からデザイナー画面に切り替えるには、ソリューションエクスプローラーの「Form1.cs」をダブルクリックするか、右クリックして＜ビュー デザイナー＞を選択します。

COLUMN partialキーワード

Form1.csの13行目を見ると、「public partial class」というように、初めてのキーワードpartialが登場しています。

partialは1つのクラスを複数に分けて記述できるようにするキーワードです。Form1.csの場合、画面に関する部分は「Form1.Designer.cs」に書き、開発者がプログラムの動きを記述するために編集する部分はForm1.csに書く、というように分割されています。1つのクラスの定義が2ファイルに分かれているのです。ソリューションエクスプローラーからForm1.Designer.csを開いてクラス定義の部分を見てみると、以下のようにこちらもpartialが使われており、クラス名が同じForm1であることがわかります（リスト6-2）。

リスト6-2 Form1.Designer.cs（一部）

```
partial class Form1
{
    // 省略
}
```

このように明確に役割が分担できるような状況以外でpartialを使うと、複数のファイルにクラスの記述が分散する不便さも出てしまいます。プログラムに慣れない間は、partialは自分で使わないほうがよいでしょう。

❸ Program.cs

コンソールアプリケーションと同様に、アプリケーションのエントリポイントがProgram.csです。エントリポイントとはプログラムの実行時に最初に呼び出されるクラスのメソッドのことです。コンソールアプリケーションのMainメソッドもエントリポイントです。

Windowsフォームアプリケーションでは、Program.csに数行のコードがすでに記述されています（リスト6-3）。

リスト6-3 初期状態のProgram.cs（Program.cs）

```
001: using System;
002: using System.Collections.Generic;
003: using System.Linq;
004: using System.Threading.Tasks;
005: using System.Windows.Forms;
006:
007: namespace timer
008: {
009:     static class Program
010:     {
011:         /// <summary>
012:         /// アプリケーションのメイン エントリ ポイントです。
013:         /// </summary>
014:         [STAThread]
015:         static void Main()
016:         {
017:             Application.EnableVisualStyles();
018:             Application.SetCompatibleTextRenderingDefault(false);
019:             Application.Run(new Form1());
020:         }
021:     }
022: }
```

Mainメソッドの最終行にnew Form1というコードがある点に注目してください。画面を表示するためのForm1クラスのインスタンスを生成しています。これによってWindowsフォームアプリケーションが開始されているのです。

アプリケーションの動作に関する処理の大半は画面に関係しているので、Windowsフォームアプリケーションではエントリポイントのprogram.csにコードを書く機会は少なくなっています。本書でもほとんどの処理をForm1.csに記述していきます。

時計アプリケーションを作ろう

このセクションでは実際に時計アプリケーションを作成していきます。前のセクションで作成した「timer」というWindowsフォームアプリケーション用のプロジェクトを引き続き使って作業を進めていきましょう。まずはデザイナー画面でアプリケーションの外観を作成し、その後コードを追加していきます。

◎ 画面を編集する

まずはデザイナー画面に、現在の時刻を表示するためのLabelコントロールを配置します。

デザイナー画面の表示

ソリューションエクスプローラーからForm1.csをダブルクリックして、デザイナー画面を開きます（図6-9）。

図6-9 Form1.csのデザイナーを開く方法

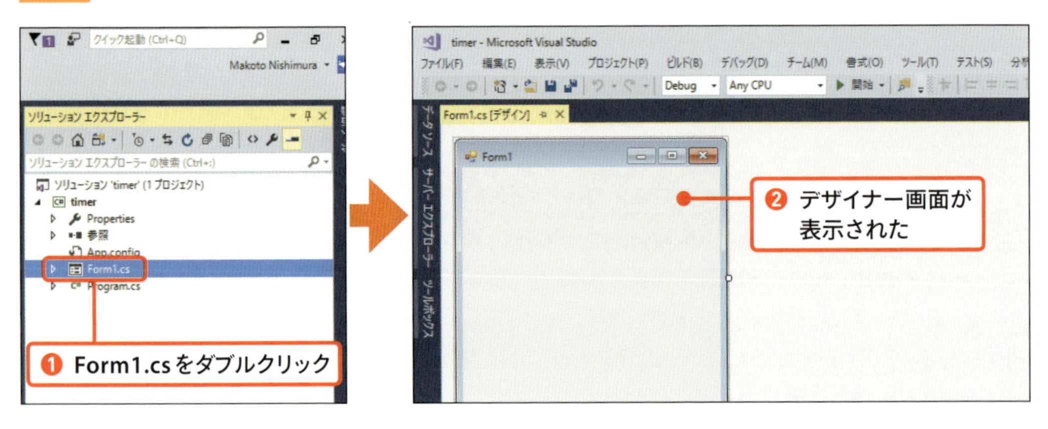

ツールボックスの展開

初期状態ではVisual Studioの左側に折りたたまれている＜ツールボックス＞を展開します。＜ツールボックス＞と表示されたタブをクリックすると展開され、コントロールの一覧が表示されるので、＜すべてのWindowsフォーム＞をクリックして展開します（図6-10）。

図6-10 ツールボックスの展開

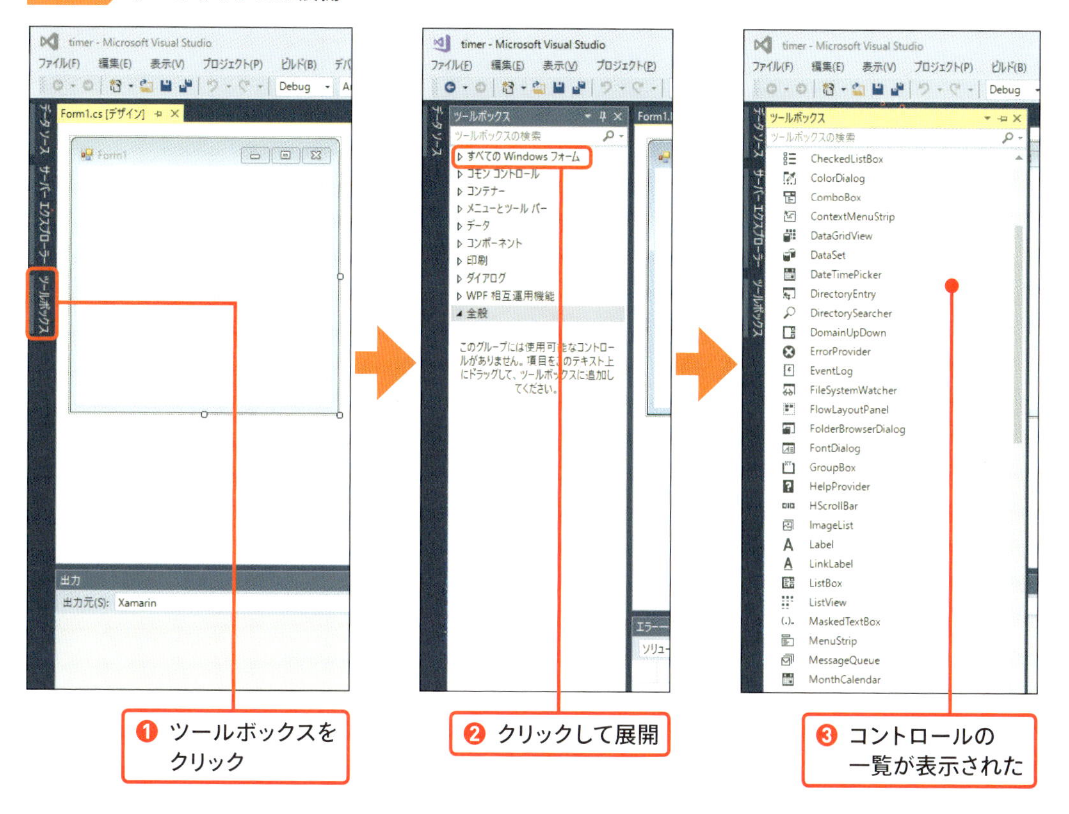

POINT

ツールボックスには、多くのコントロールが表示されています。ツールボックス上部の検索ボックスにキーワードを入力して検索すると、必要なコントロールがすぐに見つかります。

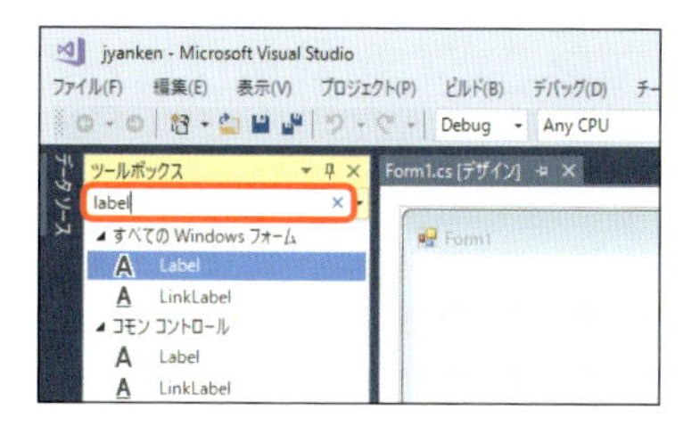

Labelの配置

ツールボックスから、Labelコントロールをデザイナー画面に配置します。Labelコントロールは、アプリケーションの画面に文字を表示するためのコントロールです。Labelコントロールが表示されていない場合は、ツールボックスの＜すべてのWindowsフォーム＞をクリックして展開し、そこから探してください。

ツールボックスの一覧からLabelをドラッグ＆ドロップして、デザイナー上のフォームに配置します（図6-11）。

図6-11 Labelの配置

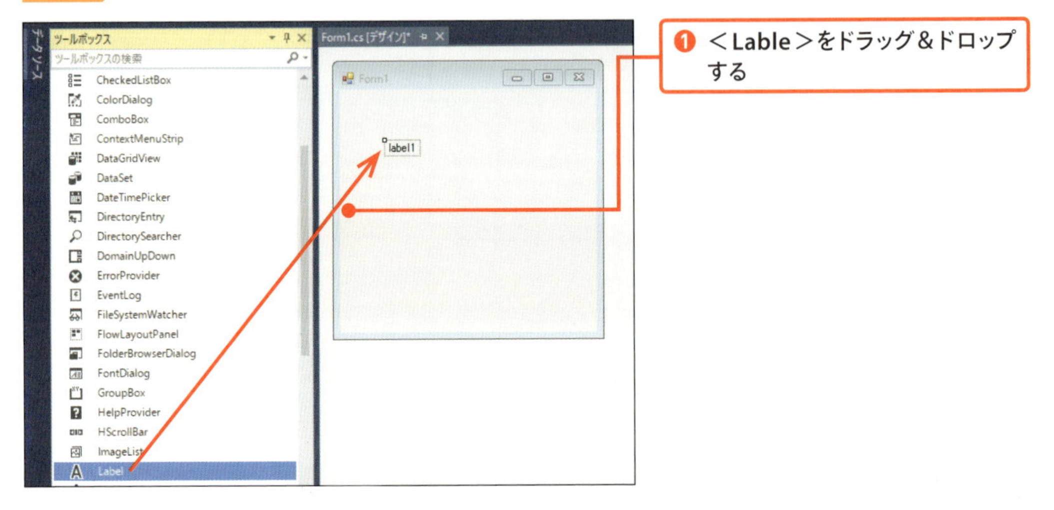

POINT

配置する場所はデザイナーに表示されたフォームの中であればどこでもかまいませんが、右に寄りすぎると表示する文字が切れることがあるので、左寄りに配置しましょう。

配置したLabelのプロパティの確認

フォーム上に配置したLabelコントロールをクリックします。クリックするとLabelコントロールが選択された状態になり、Visual Studio右下の＜プロパティ＞ウィンドウにLabelコントロールのプロパティが表示されます。

プロパティとはコントロールが持つ幅や高さ、Labelコントロールの場合は表示する文字などです。

デザイナー画面に配置したコントロールは＜プロパティ＞ウィンドウから値を操作することができます

(図6-12)。このあと、説明するようにプログラムから値を操作することもできます。

図6-12 ＜プロパティ＞ウィンドウ

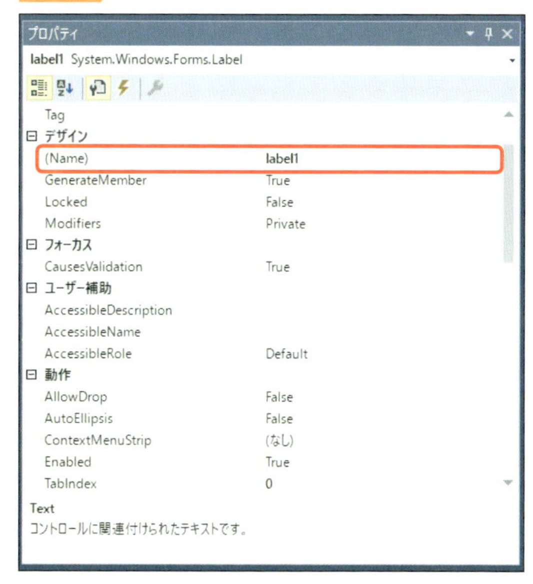

最初に、＜プロパティ＞ウィンドウの(Name)の値が「label1」となっていることを確認してください。

POINT

Nameプロパティに表示されている名前は、プログラムからコントロールを操作するときに利用します。

プログラムを記述する

プログラムからコントロールを変更する方法

デザイナー画面に配置したLabelコントロールの文字を変更します。書き換えるテキストはHello World風に「Hello Windowsフォームアプリケーション」としてみましょう。

ソリューションエクスプローラーのForm1.csを右クリックして＜コードの表示＞をクリックします(図6-13)。

図6-13 Form1.csを展開してコードを表示する方法

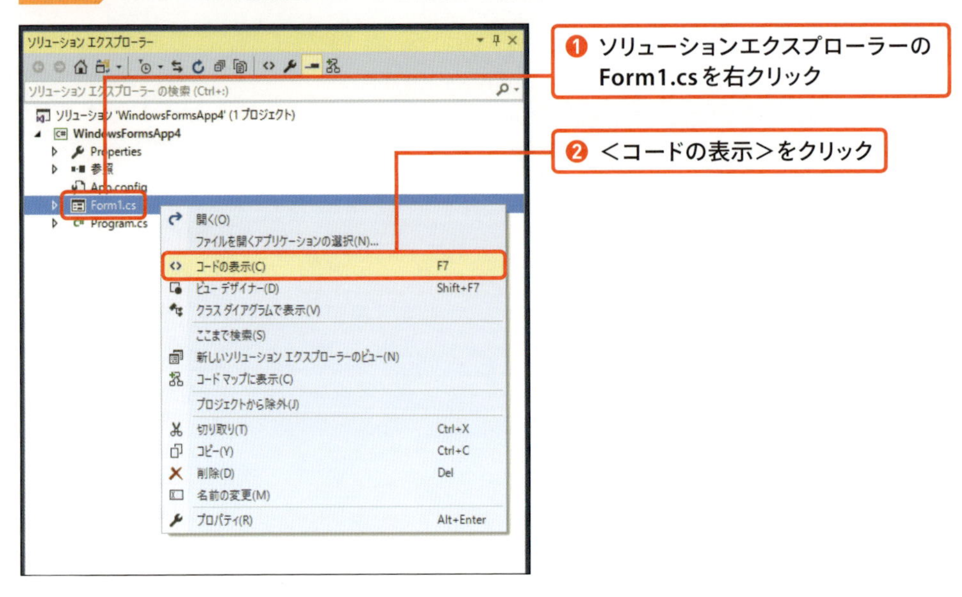

Form1.csのコードが表示されます。このコードを編集していきます（図6-14）。

図6-14 Form1.csのコード

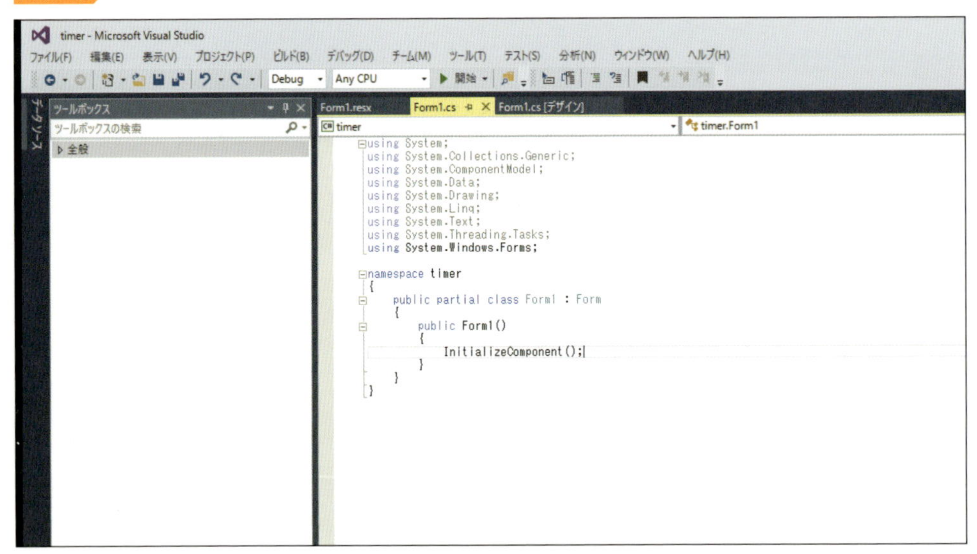

Form1クラスのコンストラクタに以下のように追記します（リスト6-4）。

リスト6-4 labelの文字（Form1.cs）

```
013:  public partial class Form1 : Form
014:  {
015:      public Form1()
016:      {
017:          InitializeComponent();
018:
019:          label1.Text = "Hello Windowsフォームアプリケーション";
020:      }
021:  }
```

この行を追加

label1はデザイナー画面に配置したLabelコントロールのNameの値です。プログラム側からはこのNameの値を変数のようにしてLabelコントロールを操作することができます。

Labelコントロールに表示される文字はTextから変更します。

F5 キーを押してデバッグ実行します（図6-15）。

POINT

デバッグの開始方法はコンソールアプリケーションと同じです。

図6-15 Labelの文字の変更

Labelなどのコントロールはコードから見ると、label1という変数に代入されたLabelクラスのインスタンスとして扱うことができます。コントロールのTextプロパティはクラスのTextフィールドと同じものです。

Labelクラスのテキストプロパティに値を代入することで、アプリケーションの画面のテキストが変更されます。画面右上の<×>をクリックして、画面を閉じておきます。

◎ 現在の時刻を取得する

Labelコントロールの Textプロパティに文字列を代入することで、画面に表示される文字が変更できることがわかりました。あとは現在の時間を取得することができれば、アプリケーションに時間を表示できます。

現在の時間を取得するには**DateTimeクラス**を利用します。DateTimeクラスは日付と時刻を扱う機能を持っています。DateTimeにはstaticなフィールドNowがあり、Nowフィールドはクラスが生成された時刻のDateTimeインスタンスを返します。

DateTimeクラスを利用して現在の時間を取得するコードが以下です（リスト6-5）。

リスト6-5 現在時刻の取得（Form1.cs）

```
013: public partial class Form1 : Form
014: {
015:     public Form1()
016:     {
017:         InitializeComponent();
018:
019:         // 現在の時刻を取得する
020:         DateTime now_time = DateTime.Now;
021:
022:         // 現在の時間と分を取得してTextプロパティに代入する
023:         label1.Text = now_time.Hour + "時" + now_time.Minute + "分";
024:     }
025: }
```

DateTime.Nowで取得した現在時刻のDateTimeインスタンスをDateTime型の変数now_timeに代入します。

DateTimeのインスタンスはHour（時）、Minute（分）といった時刻情報を取得できるフィールドを持っています。それらの値と「時」、「分」という文字列リテラルを連結して「4時15分」などの時刻を文字を作りTextプロパティに代入しています。

文字列は「+」で連結することができます。このコードをデバッグすると、以下のように現在の時間時刻が表示されます（図6-16）。

図6-16 現在時刻の表示

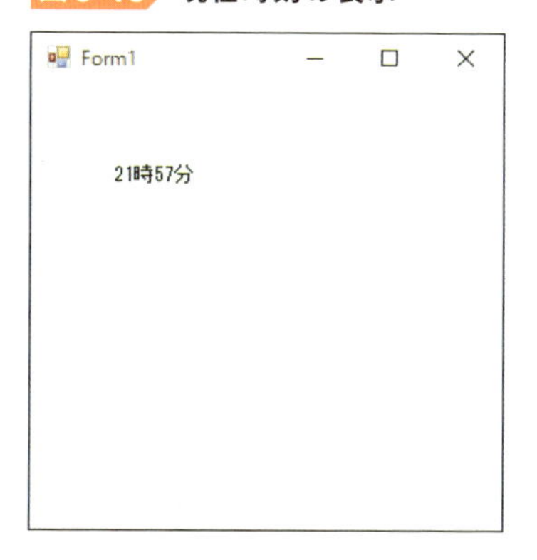

しかし、このままだと時間が経過しても、最初に表示した時間から変わらないので、時計として機能しているといえません。

定期的に処理を行う（タイマーイベント）

定期的に処理を行うにはTimer クラスを使用します。Timer クラスはその名の通りタイマーの機能を持ち、指定した間隔で特定の処理を実行することができます。Timer クラスを利用するには、イベントという仕組みを理解する必要があります。

イベント

イベントとは、「ユーザーがボタンをクリックした」や「タイマーで定期的な処理を行うタイミングが来た」場合に処理を実行する仕組みです。

イベント処理にはイベントの発生を通知する側と、通知を受けてイベントが発生した際に処理を行う側があります。今回の場合はイベントを発生する側がTimer クラスで、イベントが発生した際に処理を行う側のコードを記述します。

イベントハンドラー

イベントが発生した際に処理を行う側をイベントをハンドリング（処理する、運用する）という意味からイベントハンドラーと呼びます。

Timerクラスを利用する流れ

コードを見る前にTimerクラスを利用する流れを説明します。

❶クラスのインスタンスを作成する
❷タイマーを定期的に実行する間隔を指定する
❸タイマーで定期的に実行する処理（イベント）を指定する
❹タイマーを開始する

実際のコードは以下のようになります（リスト6-6）。Form1()の中にタイマーを実行するための処理を書き、定期的に行いたい処理はTimer_Tickメソッドを追加してその中に書きます。

リスト6-6 タイマーの処理を追加（Form1.cs）

```
013: public partial class Form1 : Form
014: {
015:     public Form1()
016:     {
017:         InitializeComponent();
018: 
019:         Timer timer = new Timer();                    ❶ タイマー作成
020: 
021:         // タイマー処理を定期的に実行する間隔
022:         timer.Interval = 100;                         ❷ タイマーの間隔を設定
023: 
024:         // 定期的に行う処理
025:         timer.Tick += Timer_Tick;                     ❸ イベントハンドラーを渡す
026: 
027:         // タイマーを開始する
028:         timer.Start();                                ❹ タイマーを開始
029:     }
030: 
031:     private void Timer_Tick(object sender, EventArgs e)
032:     {                                                 ❺ 定期的に実行する処理
033:         // 現在の時刻を取得する
034:         DateTime now_time = DateTime.Now;
035: 
036:         label1.Text = now_time.Hour + "時" + now_time.Minute + "分" + now_time.
Second + "秒";
037:     }
038: }
```

Timerクラスのインスタンスをnewで生成し、Timer型の変数timerに代入します。

Intervalプロパティに、定期的に処理を実行する間隔（インターバル）を指定します。Intervalはミリ秒で指定します。ここでは、「100」を指定しています。

TimerクラスのTickが定期的に実行する処理のためのイベントです。そこにTimer_Tickメソッドを「+=」という演算子を使って渡しています。イベントハンドラーを設定する構文は次のとおりです。

●イベントハンドラーの設定

```
イベント += イベントハンドラーとなるメソッドの名前
```

POINT

イベントにイベントハンドラーを渡す場合は「=」ではなく「+=」である点に注意してください。

イベントハンドラーにするTimer_Tickメソッドは2つの引数を受け取ります。1つ目のオブジェクトにはイベントの発生元となるクラスが渡されることが多く、2つ目の引数にはイベント情報を渡す「○○EventArgs」という名前のクラスが渡されます。

POINT

イベントハンドラーの引数は、イベントの種類によって異なります。

TimerクラスのStartメソッドを呼び出すことによって、タイマーがIntervalで指定した間隔ごとにイベントハンドラーであるTimer_Tickメソッドを呼び出します。Timer_Tickメソッドでは現在の時間を取得して、LabelコントロールのTextプロパティを変更するため、アプリケーションを実行すると表示された時間が定期的に現在の時刻に合わせて更新されます（図6-17）。

図6-17 時刻が更新されるようになった

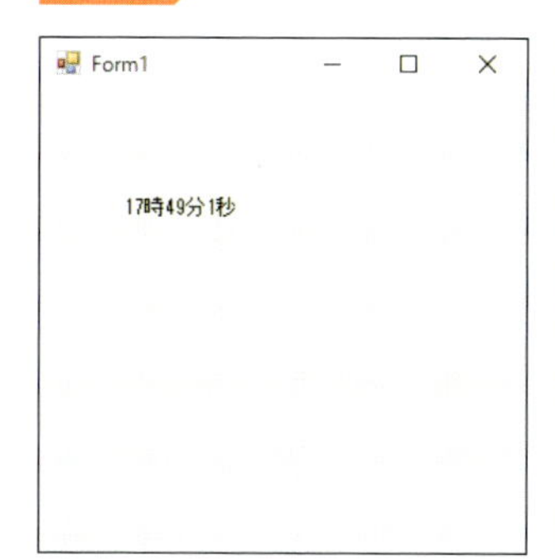

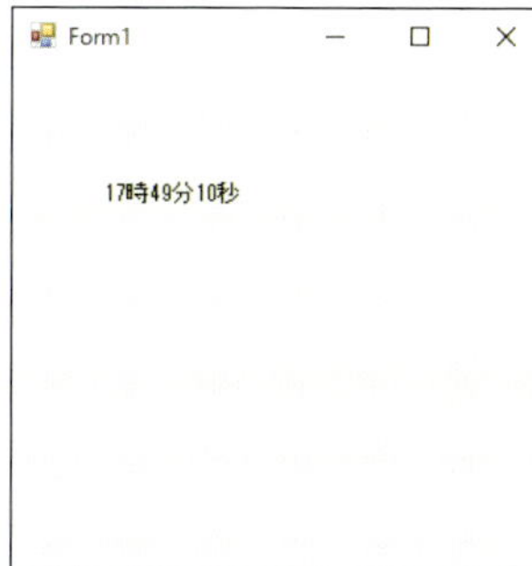

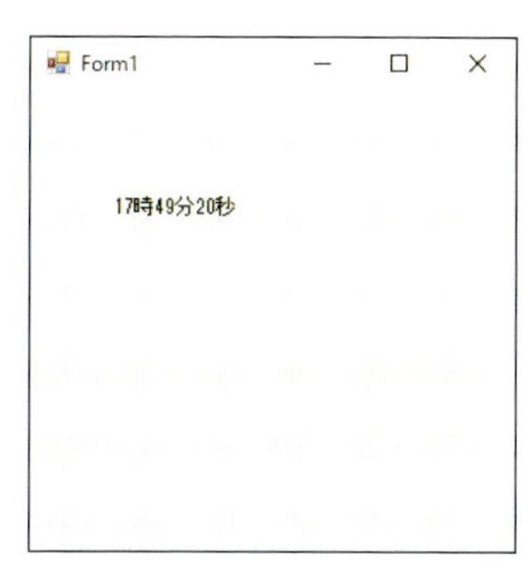

COLUMN	アプリケーションの変更

このCHAPTERでは時計アプリケーションを作成しました。利用したTimerクラスはStart()というメソッドで定期的に処理を開始しました。逆にStop()というメソッドで定期的に行う処理を止めることができます。

次のCHAPTER 7で学ぶボタンが押された際に実行するClickイベントを使って、「ボタンを押したら時刻の更新が止まる」という機能を追加してみてください。

リスト6-7 時刻の更新を止めるプログラム例

```
public partial class Form1 : Form
{
    // タイマーを別のメソッドで利用するためにローカル変数として保持する保持する
    Timer timer;

    public Form1()
    {
        InitializeComponent();
        ……中略……
    }

    // TimerクラスのTickイベントで実行する処理
    private void Timer_Tick(object sender, EventArgs e)
    {

        // 現在の時刻を取得する
        DateTime now_time = DateTime.Now;

        label1.Text = now_time.Hour + "時" + now_time.Minute + "分" + now_time.
Second + "秒";
    }

    // タイマーを停止する処理
    private void stopButton_Click(object sender, EventArgs e)
    {
        timer.Stop();
    }
}
```

ポイントはボタンが押された際にTimerのStop()メソッドを呼び出すことと、Timerクラスのインスタンスtimerを別のメソッドで利用することです。

ボタンが押された際のイベントは次のCHAPTER 7を読めば方法がわかります。別のメソッドでtimerを扱う方法はTimerクラスのインスタンスをクラスのフィールドとして持つということで解決できます。

CHAPTER

7

じゃんけんアプリケーションを作ろう

じゃんけんアプリケーションの画面を作ろう

前章ではWindowsフォームアプリケーションで時計アプリケーションを作成しました。時計アプリケーションでは、タイマーで定期的に処理を行うタイマーイベントや、文字を表示するLabelコントロールと、プログラムでコントロールを操作する方法を学びました。今回はボタンで操作してコンピューターと対戦する「じゃんけんゲーム」を作成します。

◎ 作成するアプリケーションの概要

じゃんけんゲームの作成

今回は、少し発展させたゲームアプリケーションを作成します。ゲームの内容は誰でも知っている「じゃんけん」をアプリケーションにしたものです。

じゃんけんアプリケーションでは、ランダムにグー、チョキ、パーを出すという乱数を用いた処理と、じゃんけんの手を画像で表示する画像ファイルの扱い、勝敗の判定を扱います（図7-1）。

図7-1 完成イメージ

プロジェクトの作成

「jyanken」という名前のWindowsフォームアプリケーションのプロジェクトを作成してください。

POINT

プロジェクトの作成については「CHAPTER 6　時計アプリケーションを作ろう」を参照してください。

画面を編集する

まずはアプリケーションの画面から作成していきましょう。自分の手を選ぶための3つのボタンを配置し、ラベルなどを配置していきます。画像を表示するためにPictureBoxというコントロールを利用します。ここではPictureBoxのサイズを指定しておき、画像の表示そのものはプログラムコードで行います。

ボタンの配置

まずはじゃんけんの手を出すためのボタンを、グー、チョキ、パーの3つ配置します。ツールボックスからButtonコントロールを以下のように3つ配置します。Buttonコントロールはその名の通りクリックできるボタンを提供するコントロールです。それぞれのボタンに表示される文字は作成順に「button1」「button2」「button3」となります（図7-2）。

図7-2 Buttonコントロールの配置

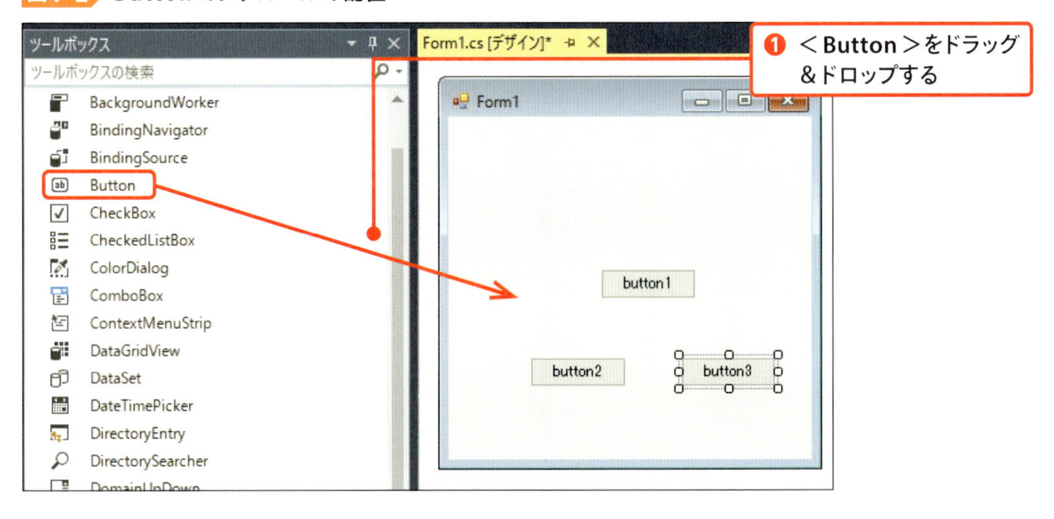

ボタンのテキストを変更

じゃんけんの手に合わせて、ボタンに表示している文字を変更します。

button1と表示されたButtonコントロールをクリックして、<プロパティ>ウィンドウの<Text>を選択し、「button1」を「グー」に変更します。同様にbutton2を「チョキ」、button3を「パー」に変更します（図7-3）。

図7-3 表示文字の変更

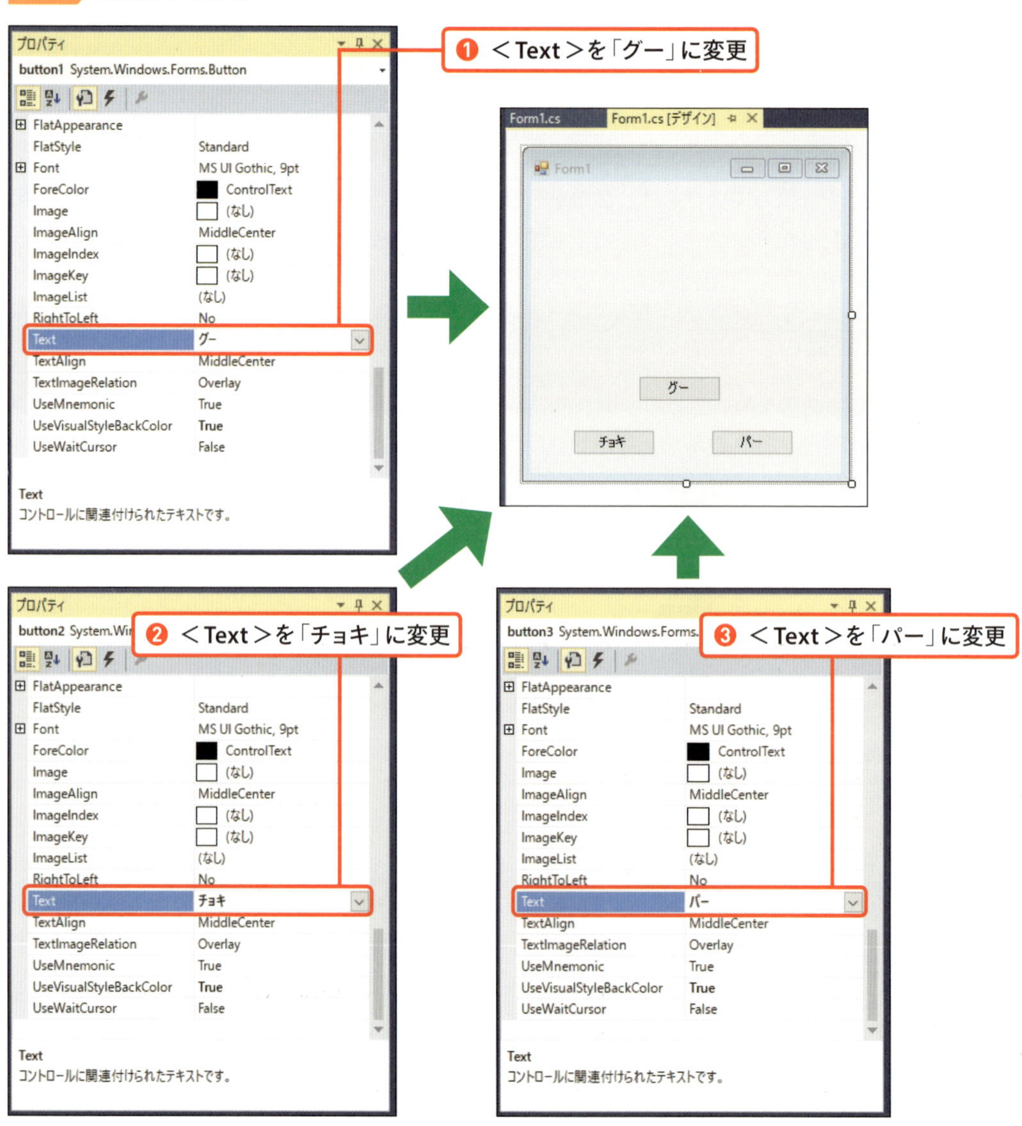

◎ Labelを配置する

続いてゲームの情報を表示するLabelコントロールを配置します。下の画像のように画面左上に配置します（図7-4）。

図7-4 Labelコントロールの配置

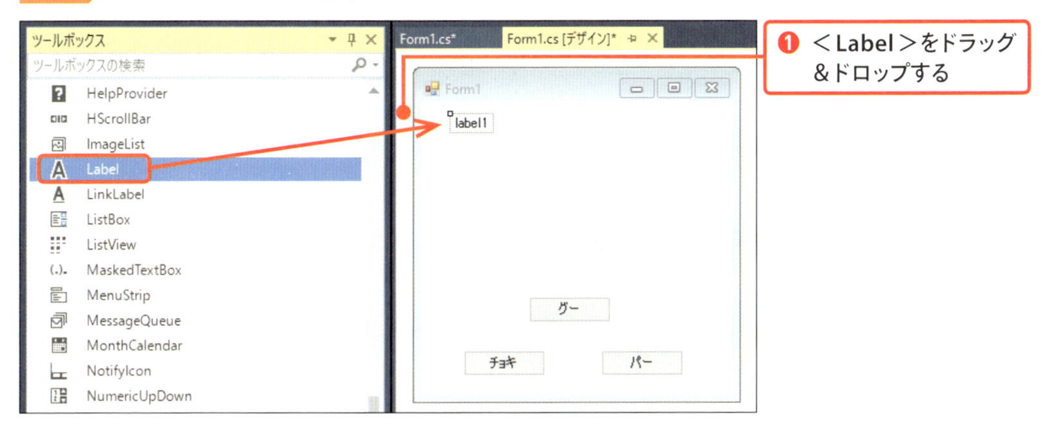

◎ テキストの変更

Labelコントロールに表示されているテキストを変更します。Buttonコントロールの Text を変更した際と同様に、Labelコントロールをクリックして選択し、<プロパティ>ウィンドウの<Text>を「ボタンをクリックしてください」に変更します（図7-5）。

図7-5 Labelコントロールの文字変更

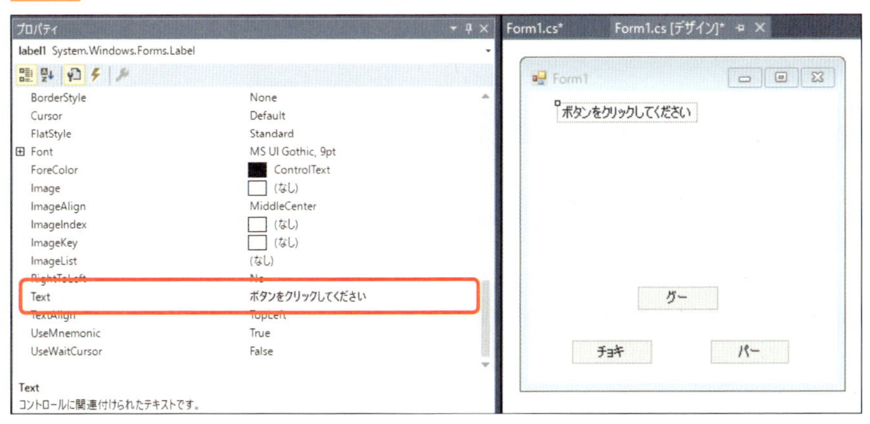

◎ PictureBoxを配置する

PictureBoxコントロールは画像を扱うためのコントロールです。コンピューターの出した手を画像で表示するためにPictureBoxコントロールを配置します。ツールボックスからPictureBoxをドラッグしてデザイナー画面に配置します（図7-6）。

図7-6 **PictureBoxコントロールの配置（サイズ変更前）**

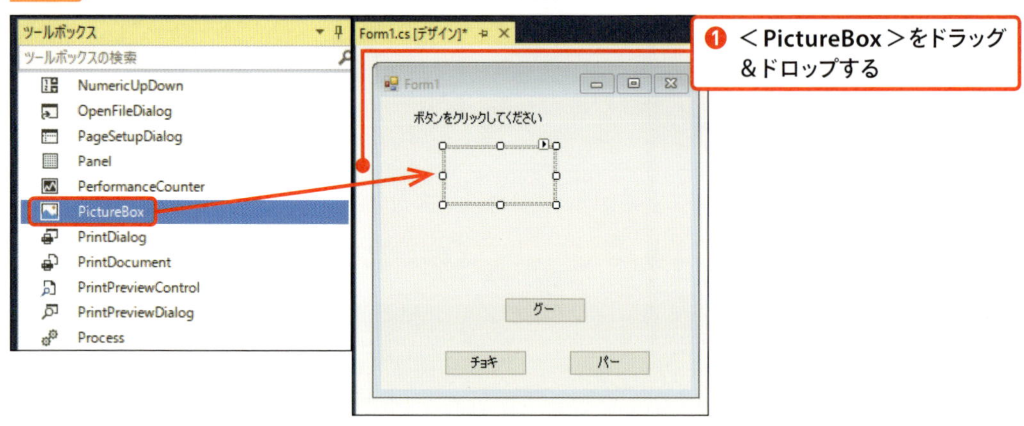

配置した直後のPictureBoxは、表示する画像の指定がないため、白い枠だけが表示されています。画像はあとでコードを記述して設定します。

PictureBoxコントロールのサイズを変更するには、PictureBoxコントロールの枠の部分にマウスポインタを合わせ、マウスポインタの形が⇕などに変わったところでドラッグします（図7-7）。

図7-7 **PictureBoxコントロールの配置（サイズ変更後）**

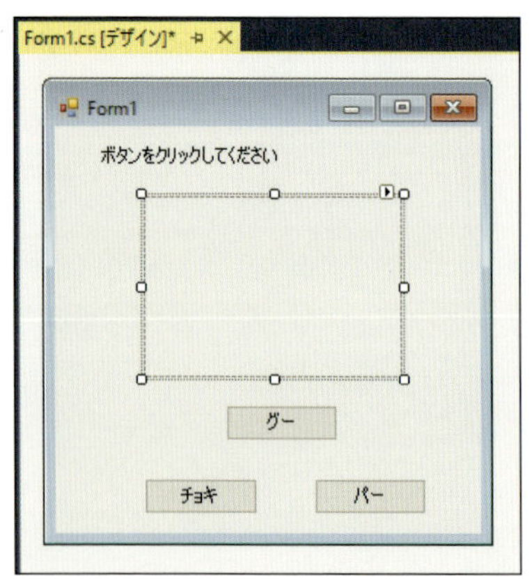

じゃんけんアプリケーションのコードを編集しよう

今回のアプリケーションはボタンを使って操作します。ボタンのClickイベントの設定はデザイナー画面上で行うことができます。イベントハンドラーにするメソッドの追加まで自動でやってくれるので、その中にコンピューターの手を決める処理や、画像を表示する処理を書いていきます。

◎ ボタンのイベントを設定する

ボタン名の変更

デザイナー画面に配置した「グー」と書かれたButtonコントロールをクリックし、<プロパティ>ウィンドウの<Name>を選択し、「button1」を「gooButton」に変更します（図7-8）。<Name>の値はプログラムコードから利用する際に使用します。同様の操作で「チョキ」ボタンの<Name>を「chokiButton」、「パー」ボタンの<Name>を「parButton」に変更します（表7-1）。

図7-8 Buttonコントロールの<Name>を変更

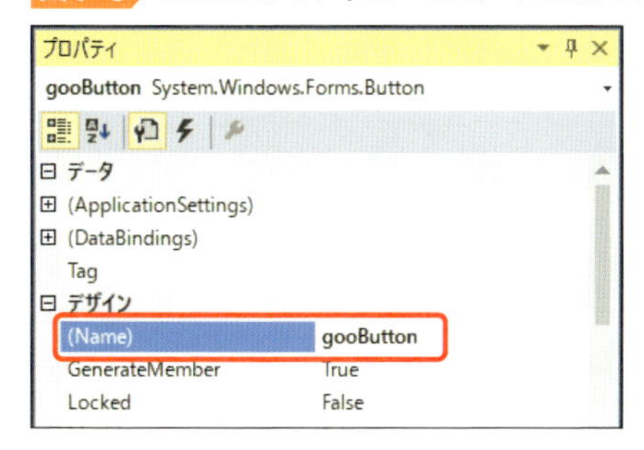

表7-1 各ボタンに設定する<Name>

テキスト	Name
グー	gooButton
チョキ	chokiButton
パー	parButton

Clickイベントを簡単に設置する方法

デザイナー画面に配置した「グー」と書かれたButtonコントロールをダブルクリックしてください（図7-9）。

図7-9 Buttonコントロールをダブルクリック

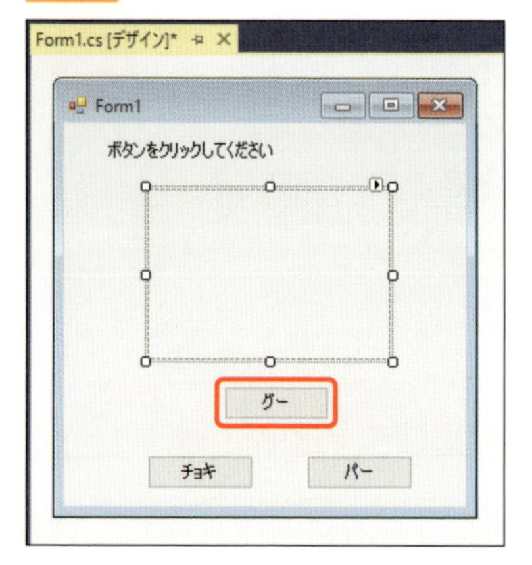

コードエディタに切り替わり、以下のコードが自動で追記されます（リスト7-1）。

リスト7-1 イベントの追加（Form1.cs）

```
013: public partial class Form1 : Form
014: {
015:     public Form1()
016:     {
017:         InitializeComponent();
018:     }
019:
020:     private void gooButton_Click(object sender, EventArgs e)
021:     {
022:
023:     }
024: }
```

このメソッドが追記された

gooButton_Clickメソッドは、gooButtonとName項目に付けたButtonコントロールがクリックされた際に呼び出されるイベントハンドラーです。

ソリューションエクスプローラーからForm1.csをダブルクリックし、デザイナー画面を表示したのち、チョキ、パーのボタンもダブルクリックしてイベントハンドラーを作成します（リスト7-2）。

リスト7-2 イベントの追加（Form1.cs）

```
013:  public partial class Form1 : Form
014:  {
015:      public Form1()
016:      {
017:          InitializeComponent();
018:      }
019:
020:      private void gooButton_Click(object sender, EventArgs e)
021:      {
022:
023:      }
024:
025:      private void chokiButton_Click(object sender, EventArgs e)
026:      {
027:
028:      }
029:
030:      private void parButton_Click(object sender, EventArgs e)
031:      {
032:
033:      }
034:  }
```

チョキがクリックされた場合

パーがクリックされた場合

前章ではタイマーイベントを設定するために、「+=」を使ってTimerクラスのTickフィールドにイベントハンドラーを指定していました。

●前章のイベントハンドラーの設定

```
// 定期的に行う処理
timer.Tick += Timer_Tick;
```

同じようにButtonコントロールのClickフィールドに対しても、gooButton_Clickメソッドを指定している箇所がどこかにあるはずです。ここでForm1クラスに付けられたpartialキーワードを思い出してください。

partialはクラスの定義を複数の箇所に分けて記述できるのでした。Form1クラスもForm1.Designer.csというファイルに分割された記述があり、Form1.Designer.csのForm1クラスの記述を見ると、以下のようにイベントに対して、イベントハンドラーが指定されているのがわかります。

●Form1.Designer.csより抜粋

```
this.gooButton.Click += new System.EventHandler(this.gooButton_Click);
```

「new System.EventHandler」と書かれている点など違いが少しありますが、「timer.Tick += Timer_Tick」と同様に、「+=」を使ってイベントハンドラーを指定しています。

Buttonコントロールをダブルクリックすることで、Form1.Designer.cs側にイベントとイベントハンドラーを紐づける処理が記述され、Form1.cs側ではイベントハンドラーの実際の処理を記述するだけで済むようになっているのです。

COLUMN Designer.csとデザイナー画面の関係

Form1.Designer.csを眺めてみると、以下のようにコメントされています(リスト7-3)。

リスト7-3 Form1.Designer.csより抜粋

```
/// <summary>
/// デザイナー サポートに必要なメソッドです。このメソッドの内容を
/// コード エディターで変更しないでください。
/// </summary>
```

また以下のようにデザイナーの＜プロパティ＞ウィンドウで変更した＜Text＞など、Buttonコントロールに関する処理が記述されています(リスト7-4)。

リスト7-4 Form1.Designer.csより抜粋

```
//
// gooButton
//
this.gooButton.Location = new System.Drawing.Point(99, 174);
this.gooButton.Name = "gooButton";
this.gooButton.Size = new System.Drawing.Size(75, 23);
this.gooButton.TabIndex = 0;
this.gooButton.Text = "グー";
this.gooButton.UseVisualStyleBackColor = true;
```

デザイナー画面で行った変更がコードとしてForm1.Designer.csに記述されています。逆もまたしかりで、上記のコードの「this.gooButton.Text = "グー";」の文字列を「グーグー」に変更するとデザイナー画面やデバッグ実行されたアプリケーションのボタンの文字も変更されます。

このように相互に変更が作用しあうデザイナー画面とForm1.Designer.csですが、Windowsフォームアプリケーションの仕組みに慣れない間は、コメントでも注意されているように、コードではなくデザイナー画面で変更するようにしましょう。

デザイナー画面でイベントの設定を確認する方法

ButtonのClickイベントはコントロールをダブルクリックするだけで自動的に設定が記述されましたが、多くの処理は設定にいくらか操作が必要です。その方法を説明します。

デザイナー画面でButtonコントロールのいずれかをクリックして選択し、<プロパティ>ウィンドウの雷アイコンをクリックします。クリックすると、コントロールで利用可能なイベントの一覧が表示されます（図7-10）。

図7-10 イベントの表示

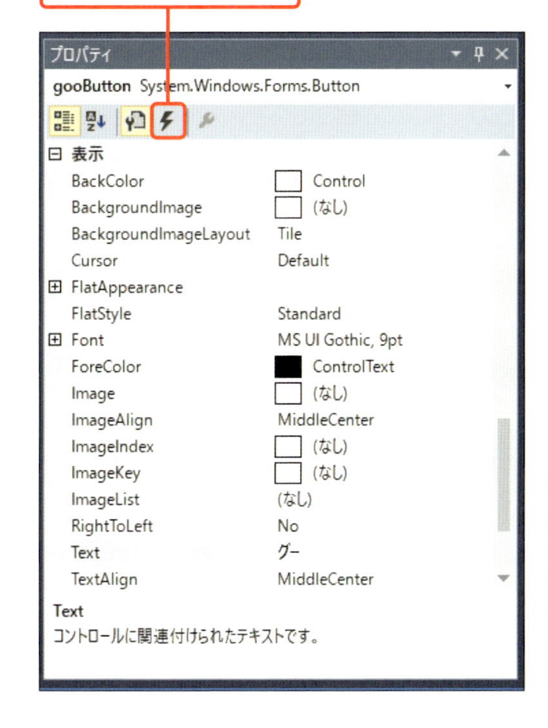

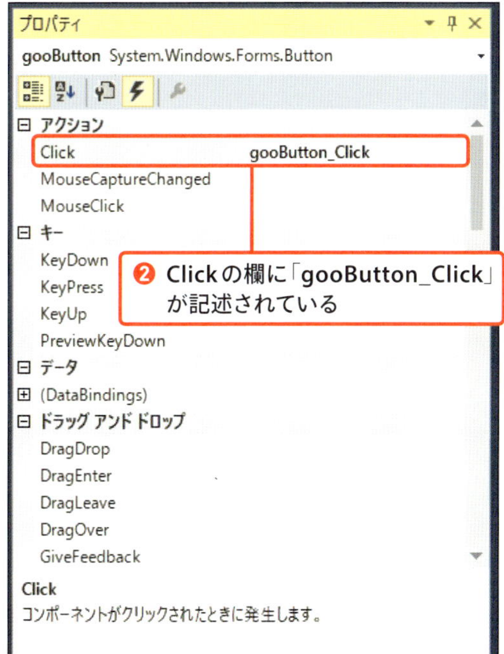

Clickイベントのハンドラー名を変更したい場合は、別のメソッド名に書き換えて Enter キーを押します。該当するメソッドが存在しない場合は、新規にFomr1クラスにメソッドが追加されます。

Click以外のイベントにイベントハンドラーを追加したい場合も同様にメソッド名を入力して Enter キーを押します。名前の欄をダブルクリックした場合は自動でメソッド名が付けられ、コードも追記されます。

◎ コンピューターの手を決める

ボタンをクリックすることでプレイヤーの手が決まりました。じゃんけんの勝敗を決めるためには相手側、コンピューターの手を決める必要があります。コンピューターが何を出すかはランダムで決めることにしましょう。ランダムに手を決めるには乱数を利用します。C#には乱数を利用するためのRandomクラスが用意されています。Randomクラスの動作を確認するためにコードを追記します（リスト7-5）。

リスト7-5 Randomクラス（Form1.cs）

```
013: public partial class Form1 : Form
014: {
015:     public Form1()
016:     {
017:         InitializeComponent();
018:     }
019:
020:     private void gooButton_Click(object sender, EventArgs e)
021:     {
022:         Random rand = new Random();
023:
024:         // Nextメソッドは引数に与えた数のランダムな数字を返す
025:         // 3を引数に与えた場合は0,1,2のどれかの値が返る
026:         this.label1.Text = rand.Next(3).ToString();
027:     }
028:
029:     private void chokiButton_Click(object sender, EventArgs e)
030:     {
031:
032:     }
033:
034:     private void parButton_Click(object sender, EventArgs e)
035:     {
036:
037:     }
038: }
```

Randomクラスのインスタンスを作成し、変数randに代入します。RandomクラスのNextメソッドは引数で与えた数のランダムな値を返します。今回のように引数に「3」を与えた場合は0、1、2の3つの数字のどれかが返されます。数字は0から始まる点に注意してください。また、Nextメソッドの返り値はint型なのでToStringメソッドでstring型に変更しないとTextフィールドには代入できません。

アプリケーションをデバッグ実行して＜グー＞ボタンをクリックすると、画面左上のLabelの値が0から2の整数にランダムで置き替わります。

COLUMN メソッドをつなげて記述する方法

ここでは、Nextメソッドの返り値をそのままToStringメソッドを使ってstring型に変換しています。この処理はつなげないで書くと以下のようになります。

●つなげずに記述した場合

```
Random rand = new Random();
int randomValue = rand.Next(3);
this.label1.Text = randomValue.ToString();
```

結果を受け取るための変数randomValueを用意していますが、今回のような場合、この変数はToString()でstring型に変換すれば役目を終えるので、簡略して「rand.Next(3).ToString()」とつなげて記述しました。

プログラミングに慣れるまでは、簡略化せず記述してかまいません。こういう書き方もあると頭の隅に置いておいてください。

整数ではなく文字で結果を表示する方法

0から2の整数に対して、コンピューターの手を割り振ります（表7-2）。

表7-2 コンピューターの手と整数の対応

手	整数
グー	0
チョキ	1
パー	2

switch文で条件に合わせて、じゃんけんの手を表示するように修正します（リスト7-6）。

リスト7-6 じゃんけんの手の表示（Form1.cs）

```
013: public partial class Form1 : Form
014: {
015:     public Form1()
016:     {
```

```
017:            InitializeComponent();
018:        }
019:
020:        private void gooButton_Click(object sender, EventArgs e)
021:        {
022:            Random rand = new Random();
023:
024:            // Nextメソッドは引数に与えた数のランダムな数字を返す
025:            // 3を引数に与えた場合は0,1,2のどれかの値が返る
026:            int result = rand.Next(3);
027:
028:            // 乱数でコンピューターの手を確定する
029:            // 0:グー
030:            // 1:チョキ
031:            // 2:パー
032:            // switch文で値を判定する
033:            switch(result)
034:            {
035:                case 0:
036:                    label1.Text = "コンピューターの手は「グー」";
037:                    break;
038:
039:                case 1:
040:                    label1.Text = "コンピューターの手は「チョキ」";
041:                    break;
042:
043:                case 2:
044:                    label1.Text = "コンピューターの手は「パー」";
045:                    break;
046:            }
047:        }
048:
049:        private void chokiButton_Click(object sender, EventArgs e)
050:        {
051:
052:        }
053:
054:        private void parButton_Click(object sender, EventArgs e)
055:        {
056:
057:        }
058:    }
```

ランダムな数字をswitch文で条件分岐を行い、じゃんけんの手を文字でラベルに表示します。デバッグ実行しグーのボタンをクリックすると、以下のようにコンピューターの手が表示されます（図7-11）。

図7-11 乱数からコンピューターの手を求める

◎ 画像を表示する

コンピューターの手を画像として表示します。

Imageフォルダーの追加

ソリューションエクスプローラーのプロジェクト名「jyanken」を右クリックして、<追加>→<新しいフォルダー>を選択します（図7-12）。

図7-12 新しいフォルダーの追加

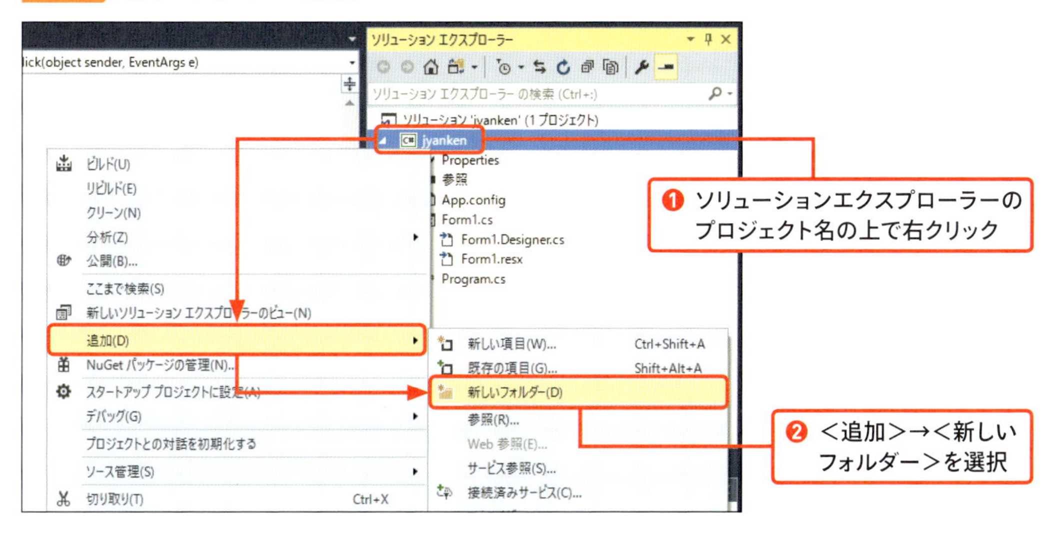

「NewFolder1」というフォルダーがソリューションエクスプローラーに追加されました（図7-13）。

図7-13 追加されたフォルダー

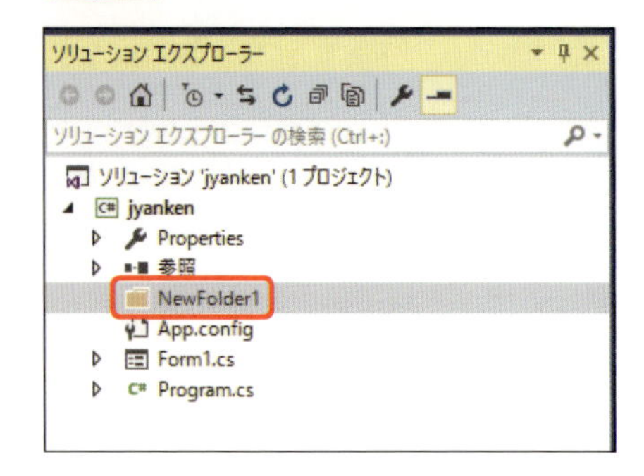

「NewFolder1」を選択した状態で名前の部分（NewFolder1という文字）をクリックするとフォルダー名が変更できます。フォルダー名を「Image」に変更します（図7-14）。

図7-14 フォルダー名を「Image」に変更

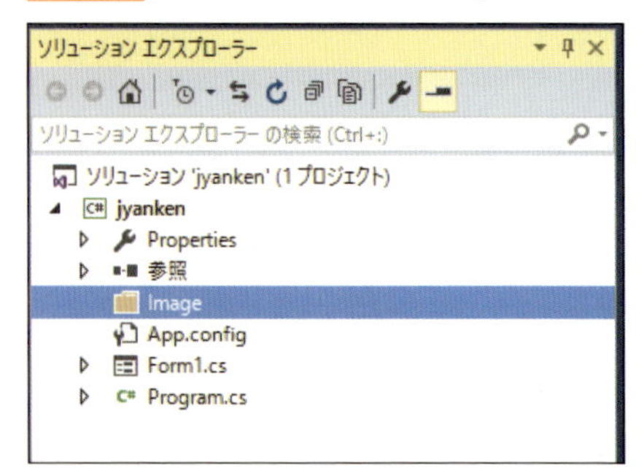

POINT

ソリューションエクスプローラーのフォルダーを右クリックして、＜名前の変更＞を選択しても変更できます。

画像ファイルを追加

サンプルからgoo.jpg、choki.jpg、par.jpgの画像を選択してソリューションエクスプローラーのImageフォルダーにドラッグ＆ドロップします（図7-15）。

図7-15 goo.jpg、choki.jpg、par.jpgを「Image」に追加

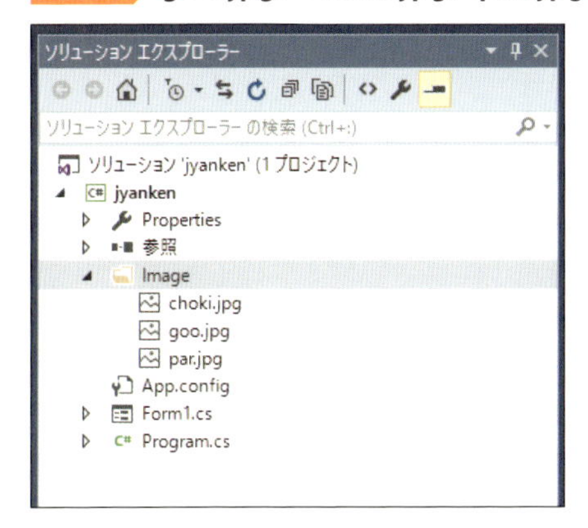

ソリューションエクスプローラーのgoo.jpg、choki.jpg、par.jpgのそれぞれをクリックして、<プロパティ>ウィンドウの<出力ディレクトリにコピー>という項目を「新しい場合はコピーする」に変更します（図7-16）。

「新しい場合はコピーする」に設定すると、画像の変更があった際にファイルをコピーします。コピーされた画像はアプリケーションで利用可能になります。

図7-16 画像ファイルの<出力ディレクトリにコピー>を「新しい場合はコピーする」に変更

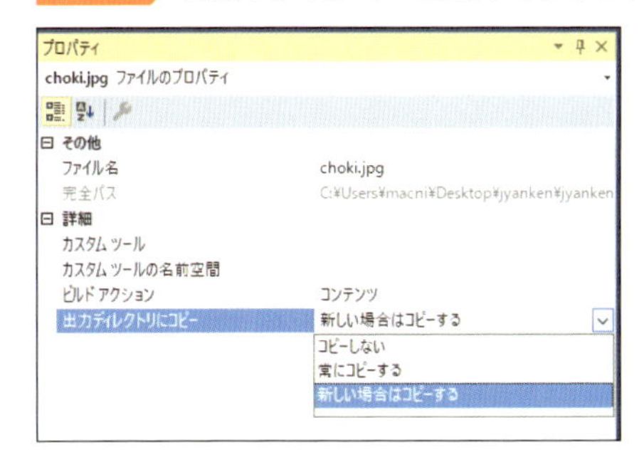

PictureBoxコントロールに画像を表示

追加したファイルを表示する処理を追加します（リスト7-7）。

リスト7-7 画像の表示（Form1.cs）

```
013:  public partial class Form1 : Form
014:  {
```

```
015:        public Form1()
016:        {
017:            InitializeComponent();
018:        }
019:
020:        private void gooButton_Click(object sender, EventArgs e)
021:        {
022:            Random rand = new Random();
023:
024:            // Nextメソッドは引数に与えた数のランダムな数字を返す
025:            // 3を引数に与えた場合は0,1,2のどれかの値が返る
026:            int result = rand.Next(3);
027:
028:            // 乱数でコンピューターの手を確定する
029:            // 0:グー
030:            // 1:チョキ
031:            // 2:パー
032:            // switch文で値を判定する
033:            switch(result)
034:            {
035:                case 0:
036:                    label1.Text = "コンピューターの手は「グー」";
037:
038:                    // 画像を表示する
039:                    pictureBox1.ImageLocation = "Image/goo.jpg";
040:                    break;
041:
042:                case 1:
043:                    label1.Text = "コンピューターの手は「チョキ」";
044:
045:                    // 画像を表示する
046:                    pictureBox1.ImageLocation = "Image/choki.jpg";
047:                    break;
048:
049:                case 2:
050:                    label1.Text = "コンピューターの手は「パー」";
051:
052:                    // 画像を表示する
053:                    pictureBox1.ImageLocation = "Image/par.jpg";
054:                    break;
055:            }
056:        }
057:
058:        private void chokiButton_Click(object sender, EventArgs e)
059:        {
060:
061:        }
```

```
062:
063:        private void parButton_Click(object sender, EventArgs e)
064:        {
065:
066:        }
067:    }
```

PictureBoxコントロールのImageLocationフィールドに画像のパスを代入しています。ファイルがImageフォルダー内にあるので、「Image/ファイル名」と書きます。「goo.jpg」、「choki.jpg」、「par.jpg」についてそれぞれ記述します。

PictureBoxコントロールのImageLocationフィールドに画像のパスを指定することで、PictureBoxコントロールに画像が表示されます。画像のパスはImageフォルダーのchoki.jpgの場合<"Image/choki.jpg">と/で区切って記述します。

デバッグして＜グー＞ボタンをクリックすると、コンピューターの手に合わせて画像が表示されます。

しかし、PictureBoxコントロールのサイズによっては以下の画像のように表示した画像ファイルが欠けてしまいます（図7-17）。

図7-17 コンピューターの手に合わせた画像を表示したが、画像が欠けている

画像をPictureBoxコントロールぴったりに表示

画像ファイルを欠けずに表示する方法には、「PictureBoxコントロールのサイズを画像に合わせる」または「画像ファイルを拡大縮小してPictureBoxコントロールに合わせる」の2つの方法があります。

今回は画像ファイルを拡大縮小して画像をPictureBoxコントロールに合わせるようにします。

デザイナー画面に配置したPictureBoxコントロールを選択し、＜プロパティ＞ウィンドウの＜SizeMode＞という項目をZoomに変更します（図7-18）。

図7-18 <SizeMode>をZoomに変更

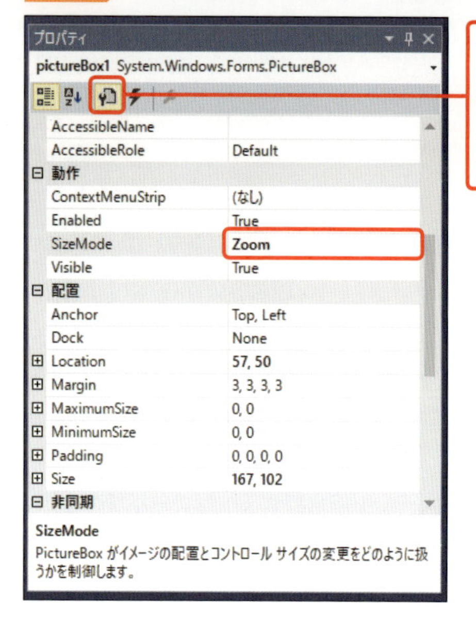

デバッグ実行すると、画像が欠けずに表示されることが確認できます(図7-19)。

図7-19 画像が欠けずに表示される

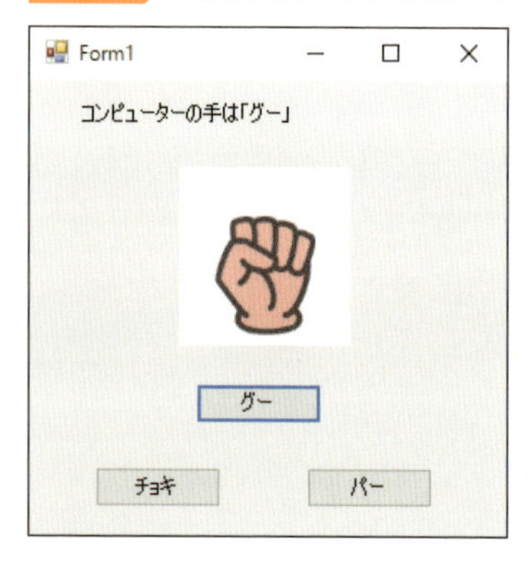

POINT

SizeModeプロパティにはZoomのほかにも、そのままの大きさでPictureBoxの左上に表示するNormal、PictureBoxいっぱいに広げるStretchImage、PictureBoxの大きさを画像にあわせるAutoSize、そのままの大きさで中央に表示するCenterImageなどがあります。
これらの違いはぜひサンプルコードの値を変えて試してみてください。

◉ <グー>ボタン以外にも対応する方法

<グー>ボタン以外をクリックした場合にもコンピューターの手を乱数で決めて、画像を表示するように変更します。押されたボタンがグー以外であっても、コンピューターの手を求める方法は同じなので、chokiButton_Clickメソッドにも、parButton_Clickメソッドにも同じ処理を書けばいいことがわかります。

ただし、プログラムの世界では同じ処理を複数書くのはあまり良い方法ではありません。それは処理に変更や追加が必要になった場合、それぞれの箇所に修正が必要になり、1か所修正を忘れるといったミスが発生しやすくなるためです。

こういう場合、新しいメソッドを作成し、それぞれのボタンを押した際のイベントハンドラーから呼び出すようにしましょう（リスト7-8）。

リスト7-8 新しいメソッドの追加（Form1.cs）

```
013: public partial class Form1 : Form
014: {
015:     public Form1()
016:     {
017:         InitializeComponent();
018:     }
019:
020:     // グーボタンが押された
021:     private void gooButton_Click(object sender, EventArgs e)
022:     {
023:         this.getComputerHand();
024:     }
025:
026:     // チョキボタンが押された
027:     private void chokiButton_Click(object sender, EventArgs e)
028:     {
029:         this.getComputerHand();
030:     }
031:
032:     // パーボタンが押された
033:     private void parButton_Click(object sender, EventArgs e)
034:     {
035:         this.getComputerHand();
036:     }
037:
038:     // コンピューターの手を求めるメソッド
039:     private void getComputerHand()   ← メソッドを追加
040:     {
041:         Random rand = new Random();
```

```
042:
043:            // Nextメソッドは引数に与えた数のランダムな数字を返す
044:            // 3を引数に与えた場合は0,1,2のどれかの値が返る
045:            int result = rand.Next(3);
046:
047:            // 乱数でコンピューターの手を確定する
048:            // 0:グー
049:            // 1:チョキ
050:            // 2:パー
051:            // switch文で値を判定する
052:            switch (result)
053:            {
054:                case 0:
055:                    label1.Text = "コンピューターの手は「グー」";
056:                    pictureBox1.ImageLocation = "Image/goo.jpg";
057:                    break;
058:
059:                case 1:
060:                    label1.Text = "コンピューターの手は「チョキ」";
061:                    pictureBox1.ImageLocation = "Image/choki.jpg";
062:                    break;
063:
064:                case 2:
065:                    label1.Text = "コンピューターの手は「パー」";
066:                    pictureBox1.ImageLocation = "Image/par.jpg";
067:                    break;
068:            }
069:        }
070:    }
```

これでグー以外のボタンをクリックしても、コンピューターの手を求められるようになりました。

勝敗の判定

最後にお互いの手を比較して、勝敗を求めてみましょう。プレイヤーの手と、コンピューターの手の2つを引数で受け取って勝ち負けを判定するjudgementGameというメソッドを用意します。

judgementGameメソッドを呼び出すためには、コンピューターの手を求めるgetComputerHandメソッドにコンピューターの選んだ手という結果を返してもらう必要があります。

そこでgetComputerHandメソッドは、コンピューターの手に合わせた文字列「グー」「チョキ」「パー」を返すようにしましょう（リスト7-9）。

switch文で、乱数に応じた手の文字列を変数resultStringに代入します。そしてそれをreturn文で返します。

リスト7-9 勝敗の判定（Form1.cs）

```
038: // コンピューターの手を求めるメソッド
039: private string getComputerHand()   ← 戻り値の型を変更
040: {
041:     Random rand = new Random();
042:
043:     // Nextメソッドは引数に与えた数のランダムな数字を返す
044:     // 3を引数に与えた場合は0,1,2のどれかの値が返る
045:     int result = rand.Next(3);
046:
047:     // コンピューターの手を表す文字列を返すための変数
048:     string resultString = "";   ← 格納する変数
049:
050:     // 乱数でコンピューターの手を確定する
051:     // 0:グー
052:     // 1:チョキ
053:     // 2:パー
054:     // switch文で値を判定する
055:     switch (result)
056:     {
057:         case 0:
058:             label1.Text = "コンピューターの手は「グー」";
059:             pictureBox1.ImageLocation = "Image/goo.jpg";
060:
061:             // 結果を文字列に格納する
062:             resultString = "グー";   ← 結果を格納
063:             break;
064:
065:         case 1:
066:             label1.Text = "コンピューターの手は「チョキ」";
067:             pictureBox1.ImageLocation = "Image/choki.jpg";
068:
069:             // 結果を文字列に格納する
070:             resultString = "チョキ";   ← 結果を格納
071:             break;
072:
073:         case 2:
074:             label1.Text = "コンピューターの手は「パー」";
075:             pictureBox1.ImageLocation = "Image/par.jpg";
076:
077:             // 結果を文字列に格納する
078:             resultString = "パー";   ← 結果を格納
079:             break;
080:     }
081:     return resultString;   ← 結果を返す
082: }
```

void（何も返さない）だった返り値の定義をstring（文字列）に変え、メソッドの最後に文字列型の変数resultStringを返すように変更しました。

judgementGameメソッドを完成させ、それぞれのイベントハンドラーから呼び出してみましょう（リスト7-10）。

リスト7-10 判定メソッドの追加（Form1.cs）

```
013:  public partial class Form1 : Form
014:  {
015:      public Form1()
016:      {
017:          InitializeComponent();
018:      }
019:
020:      private void gooButton_Click(object sender, EventArgs e)
021:      {
022:          // コンピューターの手を求める
023:          string compHand = this.getComputerHand();
024:
025:          // 判定
026:          this.judgementGame("グー", compHand);   ← 判定メソッドを呼び出す
027:      }
028:
029:      private void chokiButton_Click(object sender, EventArgs e)
030:      {
031:          // コンピューターの手を求める
032:          string compHand = this.getComputerHand();
033:
034:          // 判定
035:          this.judgementGame("チョキ", compHand);   ← 判定メソッドを呼び出す
036:      }
037:
038:      private void parButton_Click(object sender, EventArgs e)
039:      {
040:
041:          // コンピューターの手を求める
042:          string compHand = this.getComputerHand();
043:
044:          // 判定
045:          this.judgementGame("パー", compHand);   ← 判定メソッドを呼び出す
046:      }
047:
048:      // コンピューターの手を求めるメソッド
049:      private string getComputerHand()
050:      {
051:          Random rand = new Random();
```

```
052:
053:         // Nextメソッドは引数に与えた数のランダムな数字を返す
054:         // 3を引数に与えた場合は0,1,2のどれかの値が返る
055:         int result = rand.Next(3);
056:
057:         // コンピューターの手を表す文字列を返すための変数
058:         string resultString = "";
059:
060:         // 乱数でコンピューターの手を確定する
061:         // 0:グー
062:         // 1:チョキ
063:         // 2:パー
064:         // switch文で値を判定する
065:         switch (result)
066:         {
067:             case 0:
068:                 label1.Text = "コンピューターの手は「グー」";
069:                 pictureBox1.ImageLocation = "Image/goo.jpg";
070:
071:                 resultString = "グー";
072:                 break;
073:
074:             case 1:
075:                 label1.Text = "コンピューターの手は「チョキ」";
076:                 pictureBox1.ImageLocation = "Image/choki.jpg";
077:
078:                 resultString = "チョキ";
079:                 break;
080:
081:             case 2:
082:                 label1.Text = "コンピューターの手は「パー」";
083:                 pictureBox1.ImageLocation = "Image/par.jpg";
084:
085:                 resultString = "パー";
086:                 break;
087:         }
088:         return resultString;
089:     }
090:
091:     // プレイヤーの手とコンピューターの手の2つの引数をとり勝敗を判定するメソッド
092:     private void judgementGame(string playerHand, string computerHand)
093:     {
094:         // 等しい場合は引き分け
095:         if (playerHand == computerHand)
096:         {
097:             label1.Text += " / 引き分けです";
098:         }
```

判定メソッドを追加

```
099:            // 勝ちのパターン
100:            else if (
101:                playerHand == "グー" && computerHand == "チョキ" ||
102:                playerHand == "チョキ" && computerHand == "パー" ||
103:                playerHand == "パー" && computerHand == "グー"
104:                )
105:            {
106:                label1.Text += " / あなたの勝ちです";
107:            }
108:            // 勝ちでも引き分けでもない場合は負け
109:            else
110:            {
111:                label1.Text += " / あなたの負けです";
112:            }
113:        }
114:    }
```


変更した部分を見ていきましょう。

それぞれのイベントハンドラーは以下のように、相手の手を求める処理と、判定の2つの処理が記述されています(リスト7-11)。

リスト7-11 イベントハンドラーの記述(Form1.cs)

```
020: private void gooButton_Click(object sender, EventArgs e)
021: {
022:     // コンピューターの手を求める
023:     string compHand = this.getComputerHand();
024:
025:     // 判定
026:     this.judgementGame("グー", compHand);
027: }
028:
029: private void chokiButton_Click(object sender, EventArgs e)
030: {
031:     // コンピューターの手を求める
032:     string compHand = this.getComputerHand();
033:
034:     // 判定
035:     this.judgementGame("チョキ", compHand);
036: }
037:
038: private void parButton_Click(object sender, EventArgs e)
039: {
040:
041:     // コンピューターの手を求める
```

```
042:         string compHand = this.getComputerHand();
043:
044:         // 判定
045:         this.judgementGame("パー", compHand);
046:     }
```

それぞれのメソッド内でgetComputerHandメソッドを呼び出してコンピューターの手を求めます。そしてjudgementGameメソッドに、そのボタンが表す手とコンピューターの手を渡して判定させます。

POINT

3つのイベントハンドラーはjudgementGameの引数が異なるだけで、他は同じコードなので、前述のようにメソッドを1つ作成して同じコードを減らしてもいいかもしれません。プログラミングに慣れてきたら、挑戦してみてください。

呼び出されたjudgementGameメソッドでは以下のように勝敗を判定しています（リスト7-12）。

リスト7-12 勝敗の判定（Form1.cs）

```
091: // プレイヤーの手とコンピューターの手の2つの引数をとり勝敗を判定するメソッド
092: private void judgementGame(string playerHand, string computerHand)
093: {
094:     // 等しい場合は引き分け
095:     if (playerHand == computerHand)
096:     {
097:         label1.Text += " / 引き分けです";
098:     }
099:     // 勝ちのパターン
100:     else if (
101:         playerHand == "グー" && computerHand == "チョキ" ||
102:         playerHand == "チョキ" && computerHand == "パー" ||
103:         playerHand == "パー" && computerHand == "グー"
104:         )
105:     {
106:         label1.Text += " / あなたの勝ちです";
107:     }
108:     // 勝ちでも引き分けでもない場合は負け
109:     else
110:     {
111:         label1.Text += " / あなたの負けです";
112:     }
113: }
```

judgementGameでは2つの引数を比較して勝敗をLabelコントロールに追記しています。「+=」はイベントハンドラーの設定だけでなく、文字列をうしろに追加する場合にも使用します。

文字列が同じ場合は引き分けとなるのは簡単ですが、その次のelse ifから始まる勝ちの判定が少しややこしいですね。条件部分を抜き出すと次のようになっています（リスト7-13）。

リスト7-13 勝ちの場合の判定（Form1.cs）

```
100:         else if (
101:             playerHand == "グー" && computerHand == "チョキ" ||
102:             playerHand == "チョキ" && computerHand == "パー" ||
103:             playerHand == "パー" && computerHand == "グー"
104:             )
```

この処理を日本語にすると、

「プレイヤーがグーで、コンピューターがチョキ」または「プレイヤーがチョキで、コンピューターがパー」または「プレイヤーがパーで、コンピューターがグー」の場合

という条件になります。じゃんけんのルールをそのままコードに置き換えた書き方ですね。

最後のelseに、引き分けでも、勝ちでもないケースは負けしかないので、負けと判定しています。

CHAPTER

8

画像ビューワー アプリケーションを作ろう

SECTION 01

画像ビューワーの画面を作ろう

前章のじゃんけんゲームでプロジェクト内の画像を表示する方法を紹介しました。今回は利用者に画像を選択してもらって、それを表示する画像ビューワーアプリケーションを作成します。画像やファイルを開くためには、ファイルダイアログを表示する方法と、ストリーム（Stream）というものを理解する必要があります。

◎ 作成するアプリケーションの概要

この章では指定した画像ファイルを表示する画像ビューワーアプリケーションを作成します。最初に作るのは1つの画像だけを表示するものですが（図8-1）、さらに拡張して選択したフォルダー内の画像ファイルを一覧表示して、そこから選択して表示できるようにします（図8-2）。

図8-1 完成イメージ

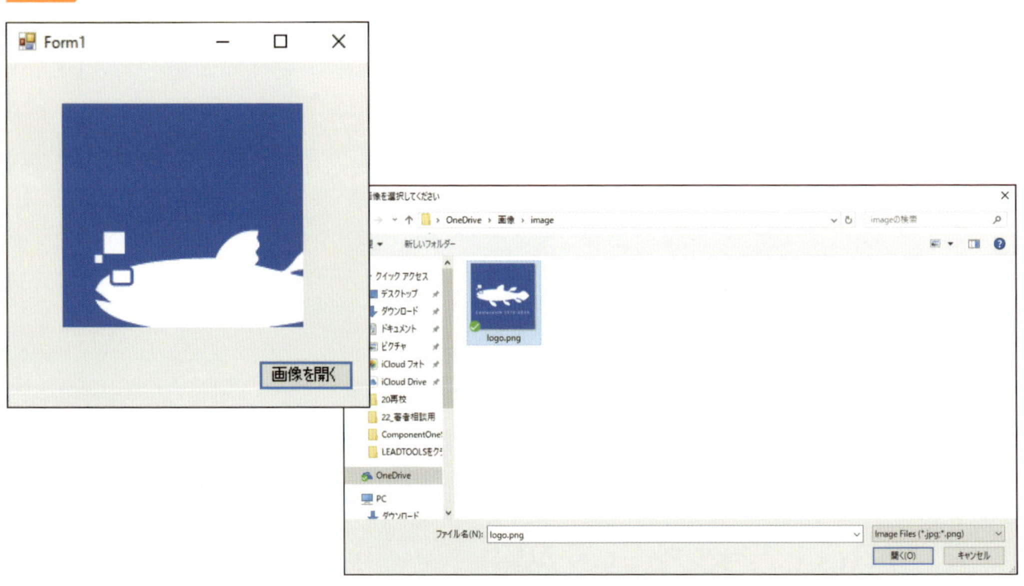

図8-2 複数の画像を表示できる改良版

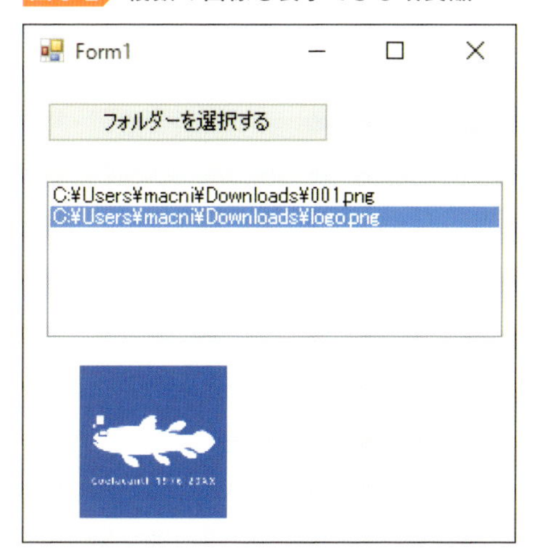

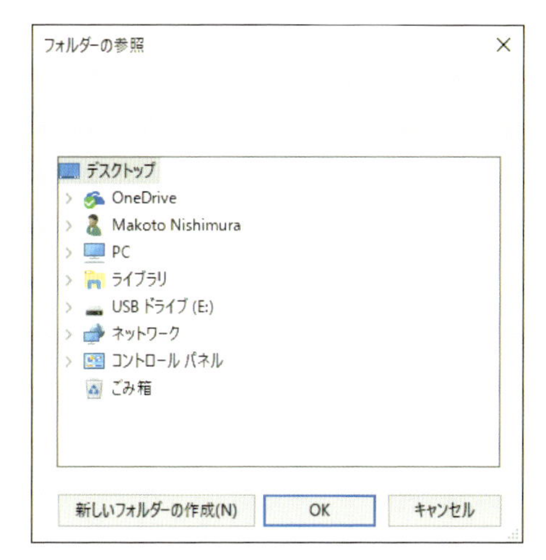

プロジェクトの作成

「viewer」という名前のWindowsフォームアプリケーションプロジェクトを作成してください。

POINT

Windowsフォームアプリケーションのプロジェクト作成については「CHAPTER 6　時計アプリケーションを作ろう」を参照してください。

ボタンを配置する

これまでと同様に画像ビューワーアプリケーションの画面から作成していきます。前章で使用したButtonとPictureBoxに加え、OpenFileDialogというファイルを開くためのダイアログボックスを表示するコントロールを使用します。このコントロールはウィンドウには表示されず、ダイアログボックスを表示する機能だけを追加します。

最初に、画像を開くためのボタンを配置します。ツールボックスからButtonコントロールをデザイナーにドロップします（図8-3）。

図8-3 Buttonコントロールの配置

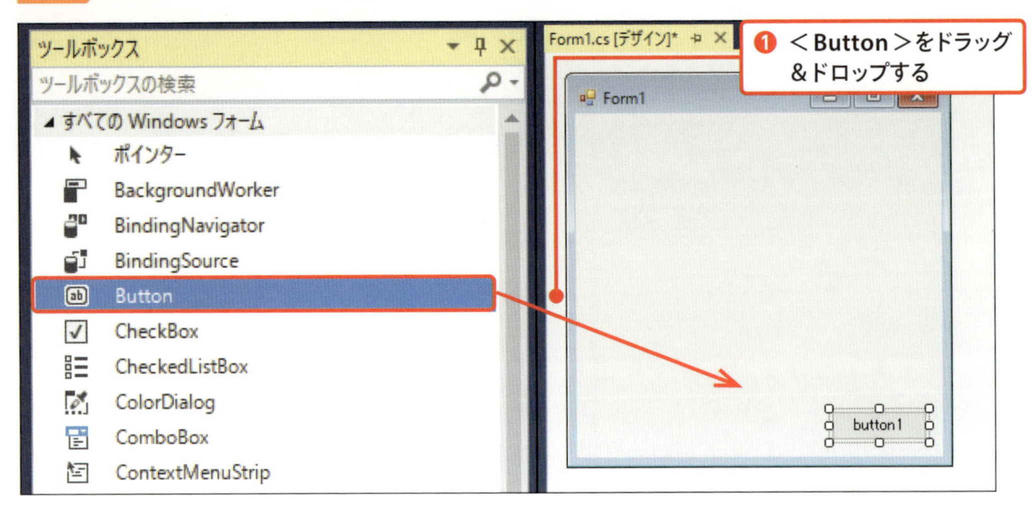

テキストの変更

次に、ボタンに表示される文字を変更します。Buttonコントロールをクリックして、<プロパティ>ウィンドウの<Text>を「画像を開く」に変更します（図8-4）。

図8-4 表示文字の変更

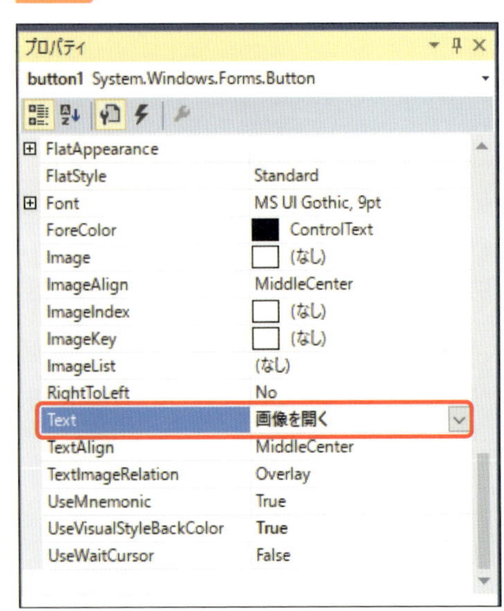

◎ PictureBoxを配置する

続いて、選択した画像を表示するためのPictureBoxコントロールを配置します。ツールボックスからPictureBoxをドラッグしてデザイナー画面に配置します（図8-5）。

図8-5 PictureBoxコントロールの配置

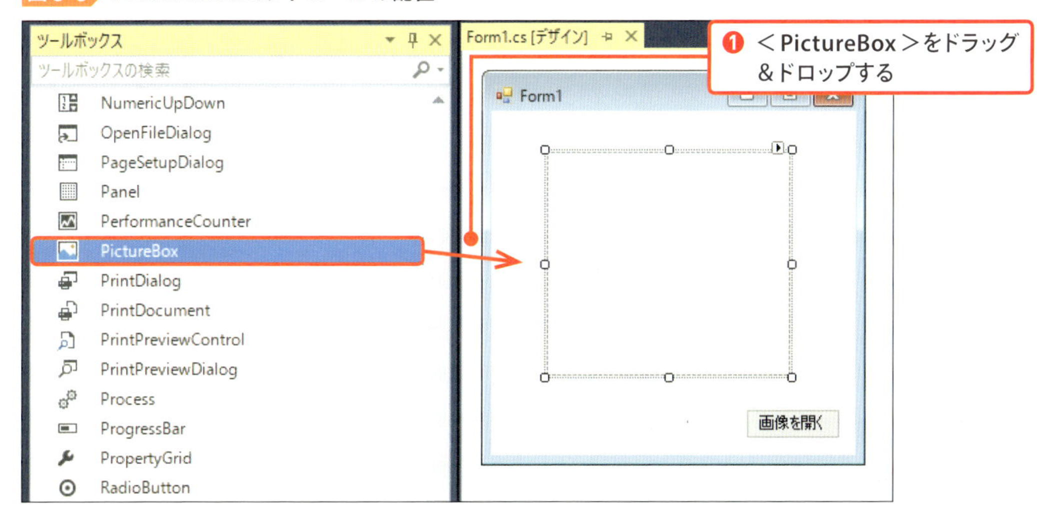

PictureBoxは、表示する画像の指定がないため、白い枠だけが表示されています。上画像のようにPictureBoxコントロールのサイズを変更するには、PictureBoxコントロールの枠の部分にマウスポインタを合わせ、形が変わったところでドラッグします。

◎ ボタンにイベントを設定する

ボタンにイベントを設定します。前章ではButtonコントロールをダブルクリックしてイベントを設定したので、今回は別の方法を使って、＜プロパティ＞ウィンドウから設定します。

デザイナー画面に配置したButtonコントロールをクリックして選択します。

プロパティウィンドウの上部にある雷アイコンをクリックしてイベント一覧を表示します。

＜Click＞の右側の入力エリアをクリックし、何も入力せずに Enter キーを押します（図8-6）。自動でbutton1_ClickというイベントハンドラーがForm1.csに追記されます（リスト8-1）。

図8-6 Clickイベントの設定

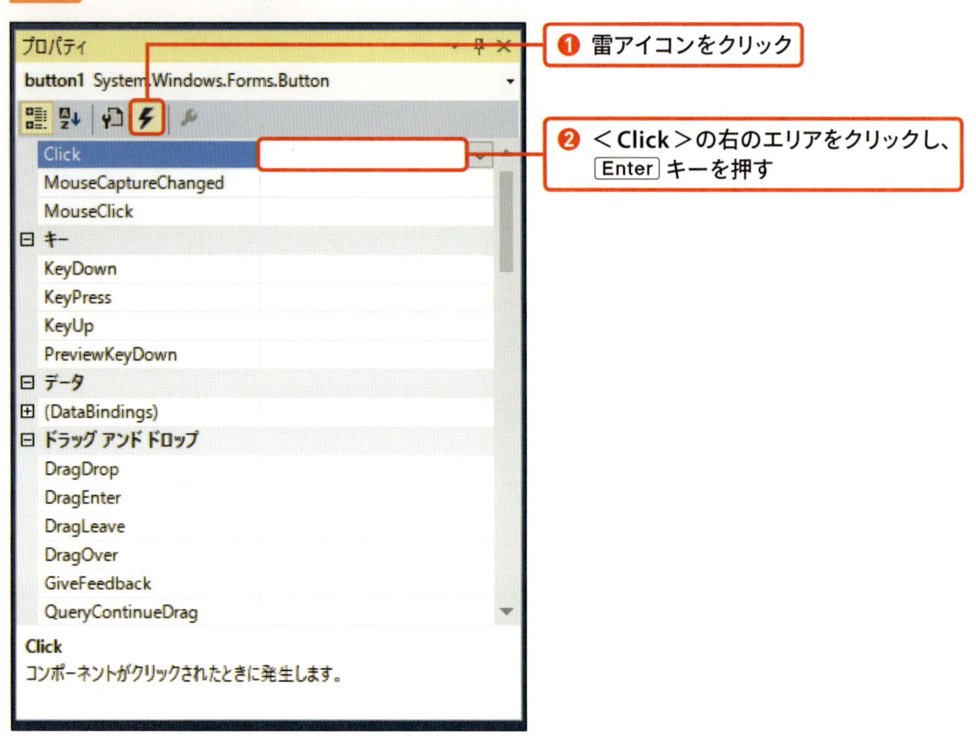

リスト8-1 イベントの追加（Form1.cs）

```
001: using System;
002: using System.Collections.Generic;
003: using System.ComponentModel;
004: using System.Data;
005: using System.Drawing;
006: using System.Linq;
007: using System.Text;
008: using System.Threading.Tasks;
009: using System.Windows.Forms;
010:
011: namespace viewer
012: {
013:     public partial class Form1 : Form
014:     {
015:         public Form1()
016:         {
017:             InitializeComponent();
018:         }
```

```
019:
020:            private void button1_Click(object sender, EventArgs e)
021:            {
022:
023:            }
024:        }
025:    }
```

◎ OpenFileDialogを配置する

ツールボックスからデザイナー画面にOpenFileDialogコントロールを配置します。OpenFileDialogはファイルを開くためのウィンドウ（ダイアログボックスといいます）を表示するためのコントロールです。配置してもデザイナー画面のウィンドウには何も表示されませんが、デザイナー画面の下部に以下のように名前が表示されます（図8-7）。

図8-7 OpenFileDialogを配置

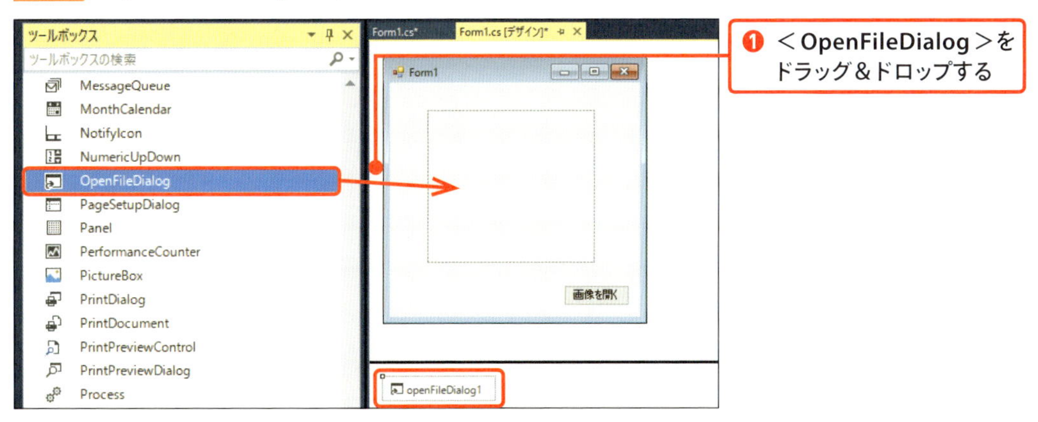

COLUMN OpenFileDialogとopenFileDialog

文章ではOpenFileDialogと表記していますが、コードの中では小文字から始まるopenFileDialogです。これは文章のOpenFileDialogがクラス名であるのに対して、コードの中ではクラスのインスタンスを格納する変数名として利用しているからです。
C#の場合に一般的にクラス名は大文字から始まり、変数名は小文字から始まります。
変数名は自由につけられるので単にダイアログを表すdialogと短く書く場合もあります。

SECTION 02

画像ビューワーのコードを編集しよう

<画像を開く>ボタンをクリックしたときに、ファイルを選択するダイアログボックスを表示し、画像が選択されていたらそれを表示するようにします。ここではファイルを読み書きするときに使用する「ストリーム」という考え方も学びます。ストリームという形で取得したデータをもとにBitmapクラスのインスタンスを生成し、PictureBoxに渡します。

◎ ファイルダイアログボックスを表示する

ユーザーにファイルを選択してもらうためのダイアログボックスを表示する処理を記述します。

ファイルを選択するダイアログボックスを表示するには、画面に配置したOpenFileDialogコントロールを利用します。先ほど追加したbutton1_Clickメソッドに次のように記述します（リスト8-2）。

リスト8-2 ダイアログボックスの表示（Form1.cs）

```
011: namespace viewer
012: {
013:     public partial class Form1 : Form
014:     {
015:         public Form1()
016:         {
017:             InitializeComponent();
018:         }
019: 
020:         private void button1_Click(object sender, EventArgs e)
021:         {
022:             openFileDialog1.Title = "画像を選択してください";
023: 
024:             openFileDialog1.Filter = "Image Files|*.jpg;*.png";
025: 
026:             // ダイアログボックスを開く
027:             if (openFileDialog1.ShowDialog() == System.Windows.Forms.DialogResult.OK)
028:             {
```

```
029:
030:                }
031:            }
```

OpenFileDialogのTitleフィールドにはダイアログボックスの左上に表示するタイトルを設定します。ここでは「画像を選択してください」と指定します。Filterフィールドには選択できるファイルの種類(拡張子)を指定します。今回は画像ファイルに絞りたいので、「*.jpg」「*.png」を指定しました。複数の拡張子を指定する場合は「;」で区切ります。その前の「Image Files|」はファイルの種類を選ぶリストに表示されます。

ShowDialogメソッドでダイアログボックスを表示し、ユーザーがファイルを選択する(または何も選択せずにダイアログボックスを閉じる)とShowDialogメソッドが終了し、返り値としてDialogResult型の値を返します。DialogResult型の値にはダイアログを表示した結果、画像が選択された場合はOKが、画像が選択されなかった場合はCancelなどそれ以外の結果に合わせた値となります。値がDialogResult.OKであれば、ユーザーがファイルを選択しているので、ファイルの取得処理に進みます。

プログラムをデバッグ実行し、[画像を開く]ボタンをクリックするとファイルを選択するダイアログボックスが表示されます(図8-8)。選択できるファイルの拡張子はjpgまたはpngです。画像をクリックして選択して、<開く>ボタンを押すことでファイルが選ばれます。

今はまだ画像を選んだあとの処理が記述されていませんが、このあと、開いた画像を表示する処理を追加していきます。

図8-8 表示されるダイアログボックス

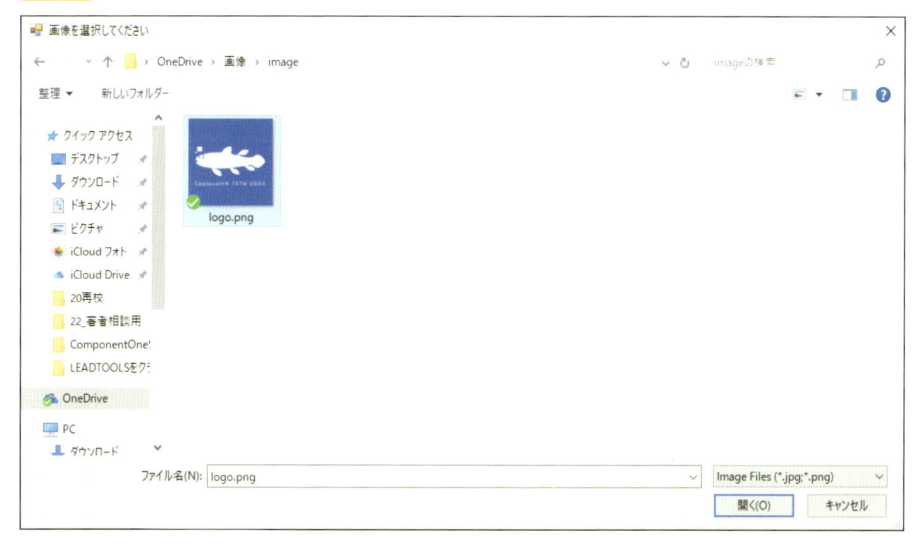

◎ ファイルを取得する

ユーザーが選択した画像はストリーム（Stream）という形で取得します。

ストリームは「流れ」という意味で、ファイルのデータを取り出したり、書き込んだりする「流れ」を作り出すことができます。ストリームはファイルだけでなく、いろいろなデータを扱う際に利用しますので、覚えておきましょう。

OpenFileDialogのFileNameフィールドからユーザーが選択した画像の名前を取得できます。

POINT

正確にはFileNameフィールドから取得できる値は、ファイルのパス（例えば「C:¥Users¥macni¥Documents¥sample.png」）です。

リスト8-3 Streamの作成（Form1.cs）

```
020: private void button1_Click(object sender, EventArgs e)
021: {
022:     openFileDialog1.Title = "画像を選択してください";
023: 
024:     openFileDialog1.Filter = "Image Files|*.jpg;*.png";
025: 
026:     // ダイアログボックスを開く
027:     if (openFileDialog1.ShowDialog() == System.Windows.Forms.DialogResult.OK)
028:     {
029:         System.IO.StreamReader stream =
030:             new System.IO.StreamReader(openFileDialog1.FileName);
031:     }
032: }
```

リスト8-3で追加したStreamReaderクラスは読み取り（Read）用のストリームです。StreamReaderを利用すればファイルからデータを読み取ることができます。

◎ using句の省略

System.IO.StreamReaderというのは、SyStem.IO名前空間のStreamReaderという指定ですが、文字が長くなってしまっています。これまでこのような記述をしなくて済んでいた理由は、クラスの上部のusing句部分で利用する名前空間を宣言していたためです。

StreamReaderクラスも以下のように名前空間を追加すると、System.IOを省略して記述できます。

●using句を追加する

```
using System.Linq;
using System.Text;
using System.Threading.Tasks;
using System.Windows.Forms;

using System.IO;

namespace viewer
{
```

●System.IOを省略して記述できる

```
StreamReader stream = new StreamReader(openFileDialog1.FileName);
```


ファイルの表示

StreamReaderから画像データを取得してPictureBoxコントロールに表示します（リスト8-4）。

リスト8-4 StreamReaderのデータを画像に表示する方法（Form1.cs）

```
020: private void button1_Click(object sender, EventArgs e)
021: {
022:     openFileDialog1.Title = "画像を選択してください";
023:
024:     openFileDialog1.Filter = "Image Files|*.jpg;*.png";
025:
026:     // ダイアログボックスを開く
027:     if (openFileDialog1.ShowDialog() == System.Windows.Forms.DialogResult.OK)
028:     {
029:         System.IO.StreamReader stream =
030:             new System.IO.StreamReader(openFileDialog1.FileName);
031:
032:         // Streamからビットマップ画像を表示するためのBitmapクラスを生成する
033:         Bitmap bitmap = new Bitmap(stream.BaseStream);
034:
035:         // PictureBoxコントロールにBitmapクラスを指定する
036:         pictureBox1.Image = bitmap;
037:
038:         // 最後にStreamを閉じる
039:         stream.Close();
040:     }
041: }
```

Bitmapクラスはビットマップ画像を表すクラスです。このような画像や音声を表すクラスにはストリームデータを処理する機能が用意されており、今回はインスタンスの生成（new）時にStreamReaderクラスのBaseStreamフィールドを渡すことで、データを処理させます。

あとはPictureBoxコントロールのImageフィールドにBitmapクラスを渡せば、画像がコントロールに表示されます。

最後にCloseメソッドでストリームを閉じます。ストリームは最後に閉じる必要があることを覚えておいてください。

動作の確認

プログラムをデバッグ実行して、ダイアログボックスから画像を選択するとPictureBoxコントロールに表示されることを確認しましょう（図8-9）。

図8-9 画像を表示

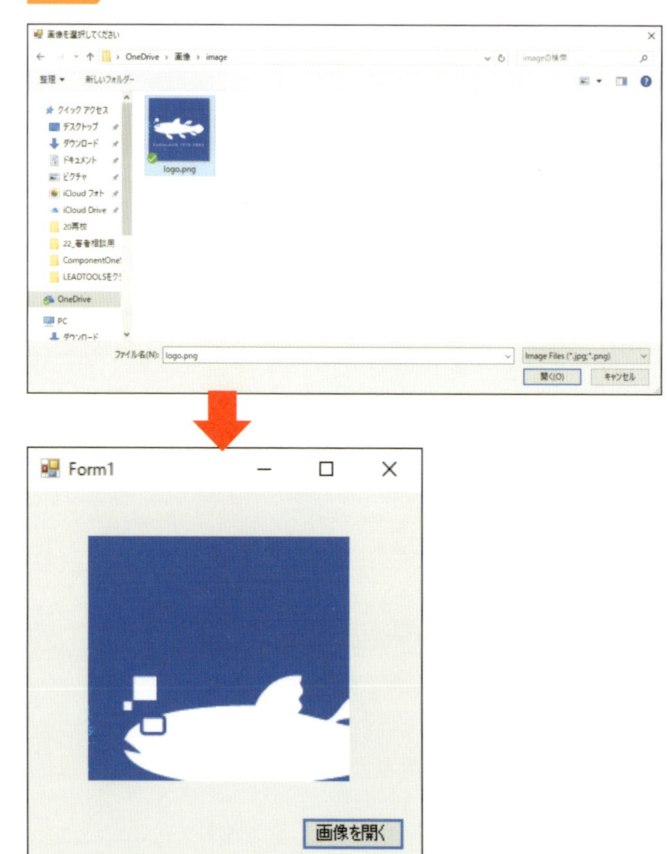

画像の一覧から表示する画像を選択しよう

前のセクションで1つの画像を表示できるようになりました。さらに改良を加えて、複数の画像を表示できるようにしてみましょう。複数の項目から選択できるようにしたい場合は、ListBoxコントロールを使用します。今回はフォルダー内の画像一覧をListBoxに表示し、選択されたらその画像をPictureBoxに表示します。

◎ 作成するアプリケーションの概要

応用として、フォルダー内の画像を一覧表示して、選択した画像を表示するアプリケーションを作成してみましょう。

前回のアプリケーションに加えて、一覧データの表示を学習します（図8-10）。

図8-10 完成イメージ

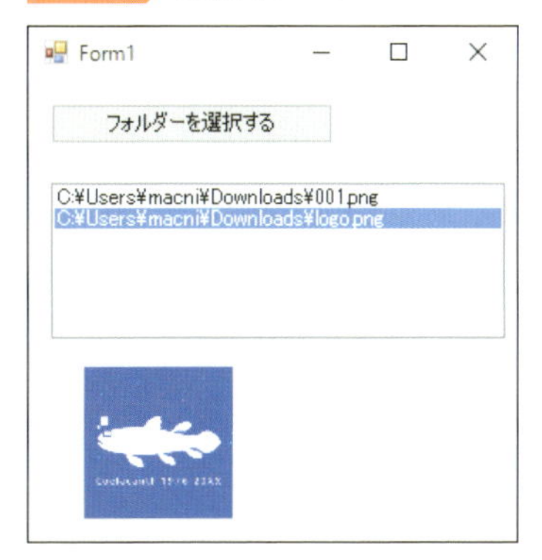

プロジェクトの作成

「listViewer」という名前のWindowsフォームアプリケーションプロジェクトを作成してください。

◎ コントロールを配置する

まずは画面にコントロールを配置していきます。

Buttonコントロールの配置

デザイナー画面にツールボックスからButtonコントロールを配置します（図8-11）。

図8-11 Buttonコントロールの配置

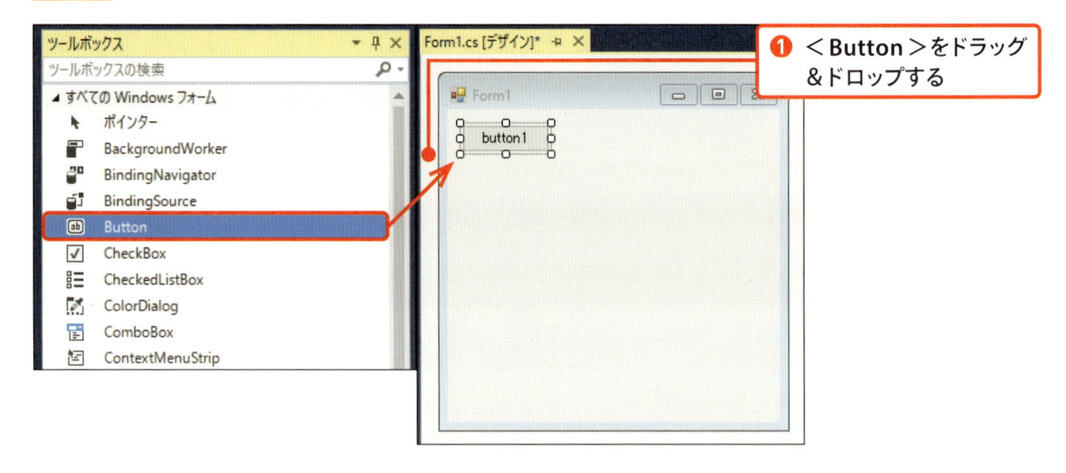

＜プロパティ＞ウィンドウでTextプロパティの値を「フォルダーを選択してください。」に変更します。そのままでは文字が欠けるので、コントロールの横幅を広げます（図8-12）。

図8-12 Textプロパティの変更

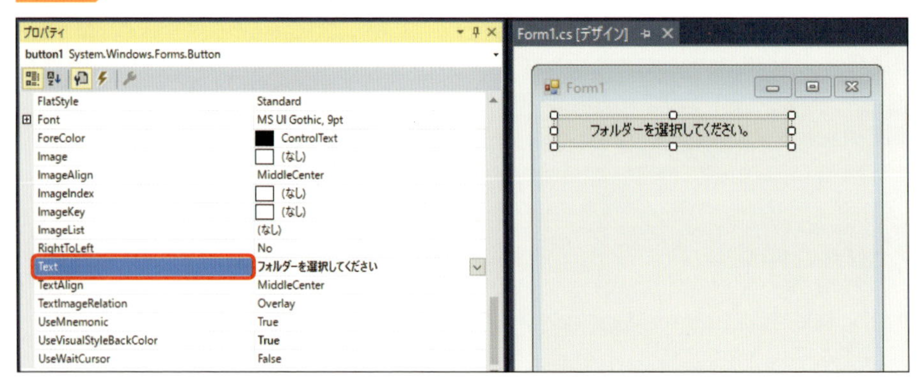

デザイナー画面に配置したButtonコントロールをダブルクリックしてイベントハンドラーを作成します（リスト8-5）。

リスト8-5 Clickイベントのイベントハンドラーを作成（Form1.cs）

```
013: public partial class Form1 : Form
014: {
015:     public Form1()
016:     {
017:         InitializeComponent();
018:     }
019:
020:     private void button1_Click(object sender, EventArgs e)
021:     {
022:
023:     }
024: }
```

FolderBrowserDialogコントロールの配置

ツールボックスからFolderBrowserDialogをデザイナー画面に配置します（図8-13）。画像を選択する場合は「OpenFileDialog」でしたね。今回はフォルダーを選択するのでFolderBrowserDialogです。

図8-13 FolderBrowserDialogの配置

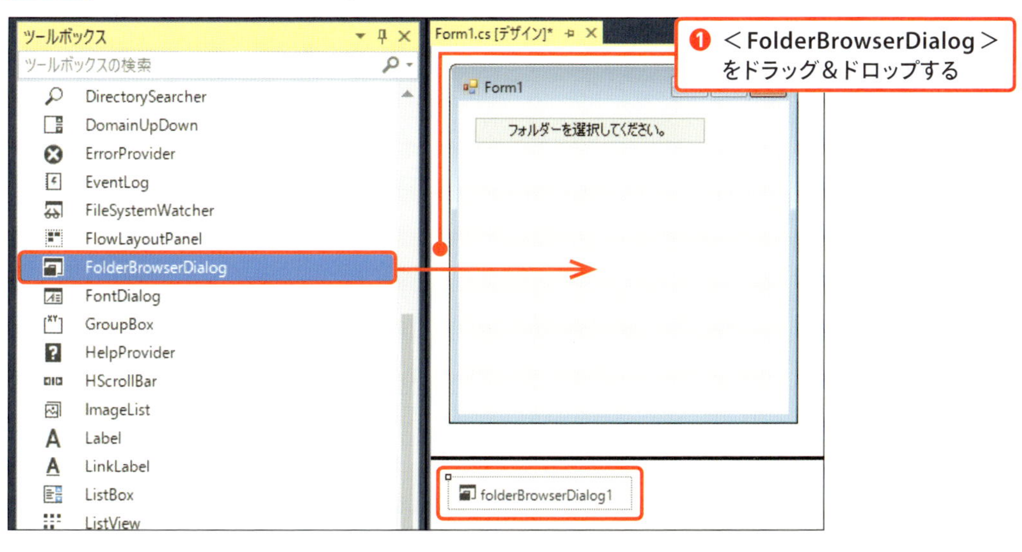

ListBoxの配置

ツールボックスからListBoxコントロールをデザイナー画面にドロップして配置します。ListBoxは一覧形式で情報を表示するためのコントロールです。配置後は以下の画像のように大きさを調整します（図8-14）。

図8-14 ListBoxの配置

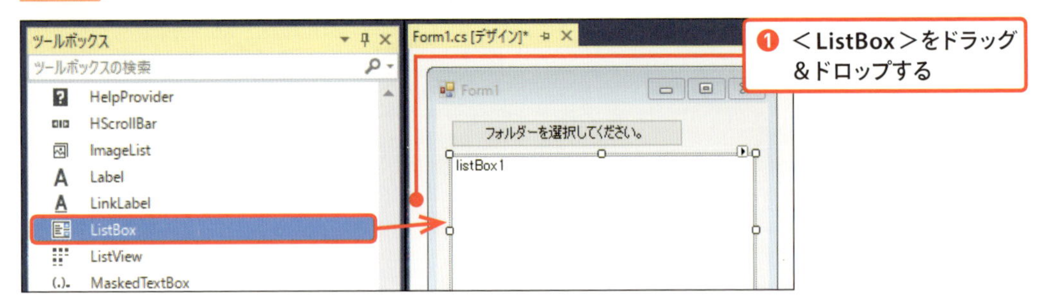

デザイナー画面のListBoxコントロールを選択し、＜プロパティ＞ウィンドウの雷アイコンをクリックしてイベント一覧を表示します。ListBoxでは、選択アイテムが変更されると「SelectedIndexChanged」というイベントが発生します。そのイベントを探して右側の空欄をダブルクリックするとlistBox1_SelectedIndexChangedが自動的に追加されます（図8-15）。

図8-15 listBox1_SelectedIndexChanged（＜プロパティ＞ウィンドウ）

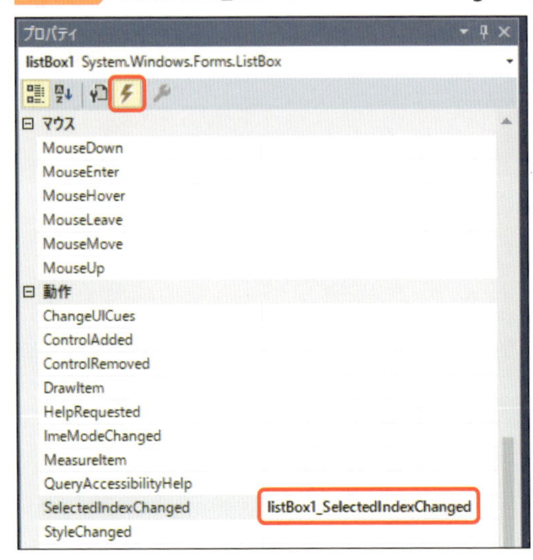

コードにも以下のようにイベントハンドラーが追記されます（リスト8-6）。

リスト8-6 イベントハンドラーの追加（Form1.cs）

```
013:  public partial class Form1 : Form
014:  {
015:      public Form1()
016:      {
017:          InitializeComponent();
018:      }
019:
020:      private void button1_Click(object sender, EventArgs e)
021:      {
022:
023:      }
024:
025:      private void listBox1_SelectedIndexChanged(object sender, EventArgs e)
026:      {
027:
028:      }
029:  }
```

PictureBoxの配置

ツールボックスからPictureBoxコントロールをデザイナー画面にドロップします（図8-16）。

図8-16 PictureBoxの配置

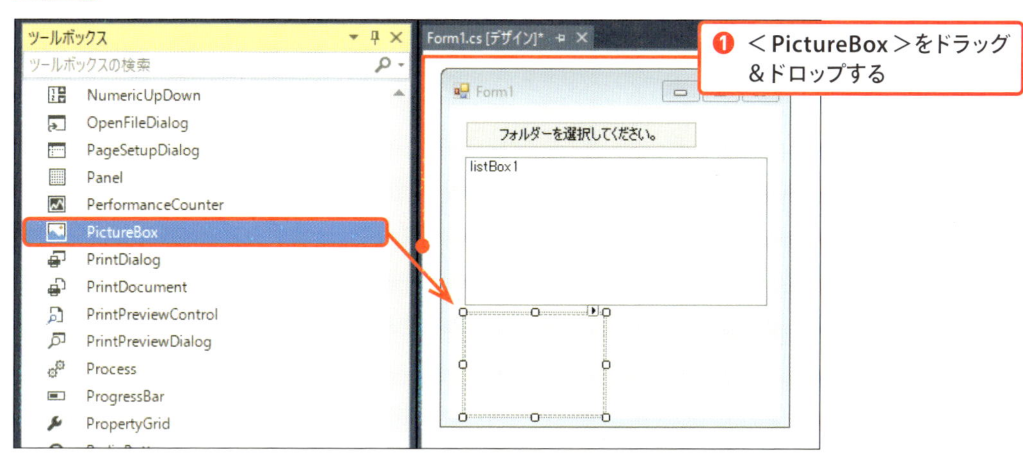

配置したPictureBoxコントロールを選択し、＜プロパティ＞ウィンドウからSizeModeをZoomに変更します（図8-17）。

図8-17 SizeModeプロパティをZoomに変更

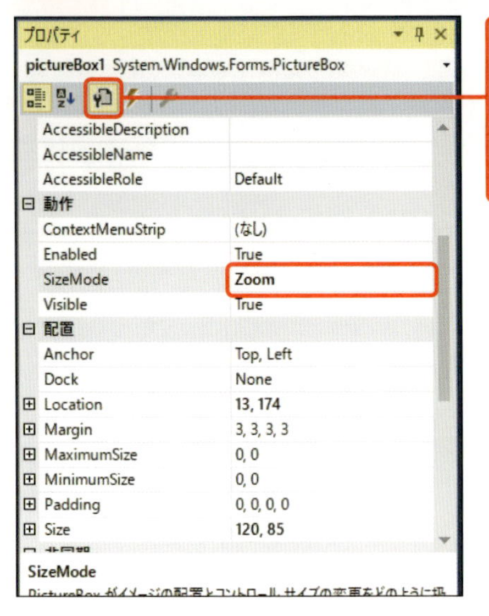

イベントの設定のため＜プロパティ＞ウィンドウの雷アイコンをクリックしたままの場合は、左隣りのアイコンをクリックしてください

◎ コードを記述する

FolderBrowserDialogの表示

Buttonコントロールをクリックした際にFolderBrowserDialogを利用してフォルダーを選択するダイアログを表示します（リスト8-7）。

リスト8-7 FolderBrowserDialogでフォルダーの選択（Form1.cs）

```
020: private void button1_Click(object sender, EventArgs e)
021: {
022:     if (folderBrowserDialog1.ShowDialog() == DialogResult.OK)
023:     {
024:         var path = folderBrowserDialog1.SelectedPath;
025:
026:         Console.WriteLine(path);
027:     }
028: }
```

FolderBrowserDialogのShowDialogメソッドでフォルダー選択のダイアログを表示します（図8-18）。

図8-18 フォルダー選択のダイアログを表示

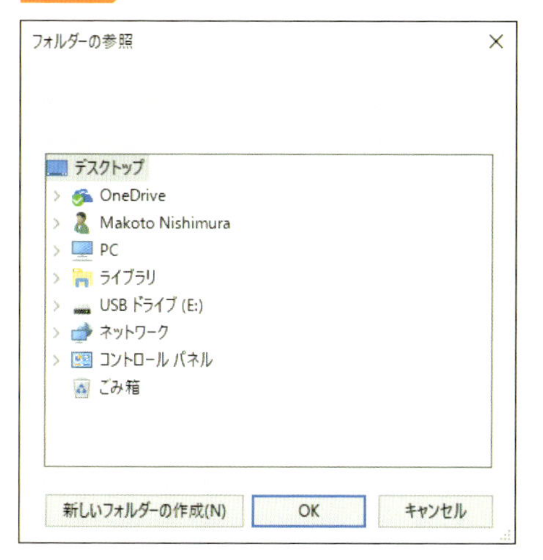

正常にフォルダーが選択された場合にShowDialogメソッドはDialogResult.OKを返します。その場合if文の中の処理が実行されます。

FolderBrowserDialogのSelectedPathフィールドから選択したフォルダーのパス（例：C:\Users\ユーザー名\Downloads）が取得できます。パスはstring型の文字列ですが、コードでは以下のようにvarというキーワードを用いています。

●varキーワード

```
var path = folderBrowserDialog1.SelectedPath;
```

このコードをvarを使わないで記述すると以下のようになります。

●varキーワードを使わない

```
string path = folderBrowserDialog1.SelectedPath;
```

C#には「型推論」という機能があり、右辺の型が決まっている場合に左辺側の変数宣言にvarを利用することができます。今回の場合も右辺がstring型と確定しているので、varキーワードで宣言した変数はstring型として扱われます。

Console.WriteLineの引数はstring型です。型推論でvarで宣言した変数の型がstring型と判定されているためエラーにならず実行できます。

ここでアプリケーションを実行して、<フォルダーを選択してください>ボタンをクリックした際にフォルダー選択のダイアログボックスが表示されることを確認しましょう。

画像一覧を取得してListBoxに表示する方法

取得したフォルダーのパスから、フォルダー内の画像を取得してListBoxに表示します（リスト8-8）。

リスト8-8 ListBox にファイルを表示する方法（Form1.cs）

```
020: private void button1_Click(object sender, EventArgs e)
021: {
022:     if (folderBrowserDialog1.ShowDialog() == DialogResult.OK)
023:     {
024:         var path = folderBrowserDialog1.SelectedPath;
025:
026:         // 選択したディレクトリのファイル一覧を取得する
027:         string[] files = System.IO.Directory.GetFiles(path);
028:
029:         // ファイル一覧から繰り返し処理でファイルを取り出す
030:         foreach (string file in files)
031:         {
032:             // string型のIndexOfは引数で与えた値が存在する場所を返す
033:             // 値が存在しない場合は-1を返す
034:             if (file.IndexOf(".jpg") >= 0 || file.IndexOf(".png") >= 0)
035:             {
036:                 // ListBoxに追加する
037:                 listBox1.Items.Add(file);
038:             }
039:         }
040:     }
041: }
```

System.IO.Directory.GetFilesは引数に与えたパスのフォルダー（ディレクトリ）からファイル一覧を取得します。ファイルの一覧は文字列の配列で返されるので、それをforeachを用いて取り出し、取り出した文字列はstring型の変数fileに格納します。

フォルダー内には画像ファイル以外のファイルも保存されているかもしれません。そこで拡張子をチェックして、ファイル名に.jpgか.pngが含まれているときだけListBoxに追加するようにします。

●拡張子のチェック

```
if (file.IndexOf(".jpg") >= 0 || file.IndexOf(".png") >= 0)
```

ファイルの拡張子をチェックするために、string型のIndexOfメソッドを利用します。このメソッドは引数に渡した文字が存在しない場合は-1を、存在する場合は何番目から始まるかを0から始まる整数で返します。ですから、「file.IndexOf(".jpg") >= 0」はファイルに「.jpg」という文字が含まれている場合に真（true）になります。同じように「 file.IndexOf(".png")」で「.png」という文字が含まれている場合に

真になります。2つの条件式のどちらかが真であればListBoxに追加してよいので、「||」を利用して2つの条件式をつなぎます。

if文の中では「listBox1.Items.Add(file);」という形でListBoxに表示するアイテムにファイルのパスを追加しています。

プログラムをデバッグ実行し、「.png」か「.jpg」の画像が含まれているフォルダーを選択するとListBoxに画像のファイル名が表示されます（図8-19）。

図8-19 ListBoxに表示された

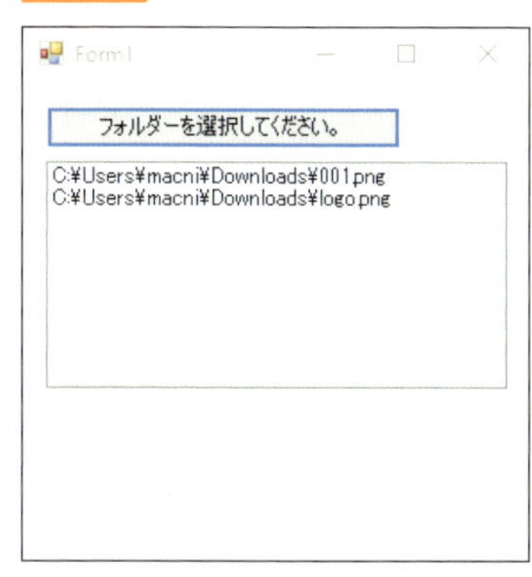

ListBoxのアイテム選択が変更された際に画像を表示する方法

ListBoxに表示したリストのデータをクリックして選択すると、ListBoxのSelectedIndexChangedイベントが発生します。SelectedIndexChangedイベントのハンドラーはすでに以下のように追加してあります（リスト8-9）。

リスト8-9 SelectedIndexChanged のイベントハンドラー

```
043:  private void listBox1_SelectedIndexChanged(object sender, EventArgs e)
044:  {
045:
046:  }
```

イベントハンドラー内で選択したリストのパスを取得して、PictureBoxコントロールに画像を表示する処理を記述します（リスト8-10）。

リスト8-10 画像の表示処理（Form1.cs）

```
043:  private void listBox1_SelectedIndexChanged(object sender, EventArgs e)
044:  {
```

```
045:         // ListBoxのSelectedItemから選択されている文字列を取得できる
046:         string path = (string)listBox1.SelectedItem;
047:
048:         // パスが求められれば以下は前に紹介した画像を表示する処理と同じ
049:         System.IO.StreamReader stream = new System.IO.StreamReader(path);
050:
051:         Bitmap bitmap = new Bitmap(stream.BaseStream);
052:
053:         pictureBox1.Image = bitmap;
054:
055:         stream.Close();
056:     }
```

ListBoxの現在選択されているアイテムはSelectedItemフィールドから取得できます。ListBoxのアイテムにはstring型以外も指定できるため、SelectedItemもobject型になっています。文字列として変数に代入するためにはキャストが必要になります。

POINT

型を変換することを「キャスト」といい、変数の前に(型名)と書きます。

プログラムを実行して、ListBoxから画像ファイルを選択した場合にPictureBoxコントロールに画像が表示できることを確認してください（図8-20）。

図8-20 選択した画像を表示

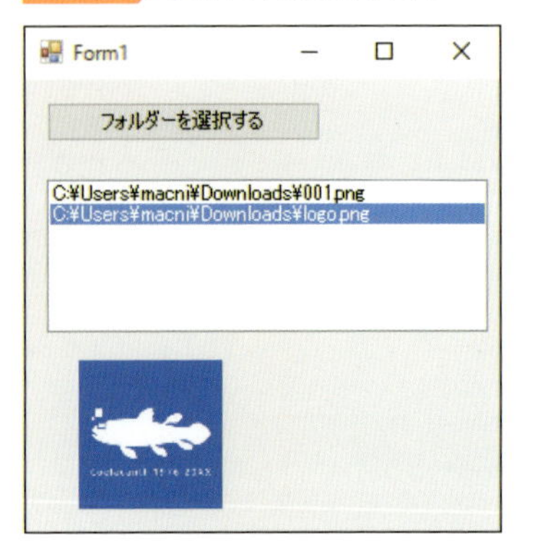

この章ではStreamの使い方について学びました。Streamは画像だけでなく、いろいろなファイルの内容を読み込んだり、書き込んだりする際に利用しますので、覚えておきましょう。